Otto Forster
Thomas Szymczak

Übungsbuch zur Analysis 2

vieweg studium

Grundkurs Mathematik

Gerd Fischer
Lineare Algebra

Hannes Stoppel / Birgit Griese
Übungsbuch zur Linearen Algebra

Gerd Fischer
Analytische Geometrie

Otto Forster
Analysis 1

Otto Forster / Rüdiger Wessoly
Übungsbuch zur Analysis 1

Otto Forster
Analysis 2

Otto Forster / Thomas Szymczak
Übungsbuch zur Analysis 2

Gerhard Opfer
Numerische Mathematik für Anfänger

vieweg

Otto Forster
Thomas Szymczak

Übungsbuch zur Analysis 2

Aufgaben und Lösungen

3., durchgesehene Auflage

vieweg

Bibliografische Information Der Deutschen Bibliothek
Die Deutsche Bibliothek verzeichnet diese Publikation in der
Deutschen Nationalbibliografie;
detaillierte bibliografische Daten sind im Internet über <http://dnb.ddb.de> abrufbar.

Prof. Dr. Otto Forster
Ludwig-Maximilians-Universität München
Mathematisches Institut
Theresienstraße 39
80333 München
forster@mathematik.uni-muenchen.de

Dr. Thomas Szymczak
szymczak@web.de

1. Auflage 1995
2., überarbeitete Auflage 1997
2 Nachdrucke
3., durchgesehene Auflage September 2003

Der Vieweg Verlag ist ein Unternehmen der Fachverlagsgruppe BertelsmannSpringer.
www.vieweg.de

Umschlaggestaltung: Ulrike Weigel, www.CorporateDesignGroup.de
Druck und buchbinderische Verarbeitung: Lengericher Handelsdruckerei, Lengerich
Gedruckt auf säurefreiem und chlorfrei gebleichtem Papier
Printed in Germany

ISBN 3-528-27273-2

Inhaltsverzeichnis

Vorwort

Der vorliegende Band stellt den zweiten Teil eines Übungsbuches zur Analysis dar.
Wie im ersten Band ist das Buch in einen Aufgaben– und Lösungsteil untergliedert. Die Aufgaben stammen vorwiegend aus dem Buch „Analysis 2" von O. Forster, jedoch auch die zusätzlichen Aufgaben setzen stofflich nicht mehr Wissen voraus.
Die Lösungen zu den einzelnen Aufgaben sind weitgehend sehr ausführlich dargestellt und an die Bücher „Analysis 1" und „Analysis 2" (im folgenden mit An. 1 und An. 2 zitiert) von O. Forster angelehnt, so daß sie auch ohne zusätzliche Literatur zu verstehen sind. Ist zu einer Aufgabe keine Lösung enthalten, so wurde sie, je nach Schwierigkeitsgrad, mit einer ausführlichen Anleitung versehen.
Sicherlich wird dieses Buch nicht fehlerfrei sein und zu einigen Aufgaben gibt es kürzere bzw. elegantere Lösungen, doch ich hoffe, daß der Leser mit diesem Buch nicht den *Spaß* verliert, selbst mathematische Aufgaben zu lösen. Denn man sollte sich in der Regel, *bevor* man eine Lösung zu einer Aufgabe in einem Buch nachliest, ausgiebig mit ihr beschäftigt haben und versucht haben, selbst eine Lösung zu finden.
Schließlich möchte ich noch einige Danksagungen aussprechen:

- Herrn Professor O. Forster, der mit seinen Büchern zur Analysis dieses Buch erst möglich gemacht hat.

- Herrn Professor Dr. W. Kühnel, bei dem ich die Grundvorlesungen zur Analysis gehört habe.

- Für die Mithilfe beim Korrekturlesen danke ich Herrn Kühn und Herrn Westermann.

- Dem Vieweg–Verlag und insbesondere Frau Schmickler–Hirzebruch für die Herausgabe des Buches.

Dinslaken, Februar 1995 *Thomas Szymczak*

Vorwort zur 2. Auflage

In der vorliegenden zweiten Auflage wurden einige Lösungen vereinfacht. Weiter wurden diejenigen Aufgaben, zu denen Lösungen bzw. Hinweise im 2. Teil vorhanden sind, im Aufgabenteil mit einem Stern versehen.

Rostock, März 1997 *Thomas Szymczak*

Vorwort zur 3. Auflage

Für die dritte Auflage wurden nur einige kleinere Korrekturen im Aufgabenteil durchgeführt und das Literaturverzeichnis wurde aktualisiert.

München, Juli 2003 *Otto Forster*

Teil I

Aufgaben

§1. Topologie metrischer Räume

Aufgabe 1 A.* Auf $\mathbb{R}$ werde eine Metrik δ definiert durch

$$\delta(x, y) := \arctan|x - y|.$$

Man zeige, daß δ die Axiome einer Metrik erfüllt und daß die offenen Mengen bzgl. dieser Metrik dieselben sind wie bzgl. der üblichen Metrik $d(x, y) = |x - y|$.

Aufgabe 1 B. Es sei X die Menge aller komplexer Zahlenfolgen. Man zeige, daß durch

$$d((a_n), (b_n)) := \sum_{i=0}^{\infty} \frac{1}{2^{i+1}} \cdot \frac{|a_i - b_i|}{1 + |a_i - b_i|} \qquad ((a_n), (b_n) \in X)$$

eine Metrik auf X definiert wird.

Aufgabe 1 C. (Vierecksungleichung).
Es sei (X, d) ein metrischer Raum und $a, b, c, d \in X$. Dann gilt

$$|d(a, b) - d(c, d)| \leq d(a, c) + d(b, d).$$

Aufgabe 1 D.* Seien $A, B \subset \mathbb{R}$ beliebige Teilmengen. Man zeige:

a) $\overset{\circ}{(A \times B)} = \overset{\circ}{A} \times \overset{\circ}{B}$,

b) $\overline{A \times B} = \overline{A} \times \overline{B}$.

Aufgabe 1 E.* Seien $A, B \subset \mathbb{R}$ beliebige Teilmengen. Man zeige, daß für den Rand von $A \times B \subset \mathbb{R}^2$ gilt

$$\partial(A \times B) = (\partial A \times \overline{B}) \cup (\overline{A} \times \partial B).$$

Aufgabe 1 F.* Man zeige, daß in einem metrischen (oder topologischen) Raum die Vereinigung endlich vieler und der Durchschnitt beliebig vieler abgeschlossener Mengen wieder abgeschlossen ist.

Aufgabe 1 G.* Man beweise:

a) Eine Teilmenge Y eines metrischen Raumes X ist genau dann offen, wenn $Y \cap \partial Y = \emptyset$.

b) Eine Teilmenge Y eines metrischen Raumes X ist genau dann abgeschlossen, wenn $\partial Y \subset Y$.

Aufgabe 1 H.* Es sei X eine beliebige Menge. Dann wird durch

$$d(x,y) := \begin{cases} 0, & \text{falls } x = y, \\ 1, & \text{falls } x \neq y, \end{cases}$$

auf X eine Metrik definiert (d heißt *triviale Metrik* auf X). Man zeige, daß jede Teilmenge von X bzgl. dieser Metrik zugleich offen und abgeschlossen ist.

Aufgabe 1 I. Es sei X ein metrischer Raum und A, B zwei Teilmengen von X. Man zeige folgende Aussagen:

a) $\left(\mathring{A}\right)^{\circ} = \mathring{A} \subset A \subset \overline{A} = \overline{\overline{A}}$.

b) Die Vereinigung aller offenen Teilmengen von X, die auch Teilmenge von A sind, ist gleich $\mathring{A}$. Der Durchschnitt aller abgeschlossenen Teilmengen von X, welche A umfassen, ist gleich $\overline{A}$.

c) Ist $A \subset B$, so auch $\mathring{A} \subset \mathring{B}$ und $\overline{A} \subset \overline{B}$.

d) $\mathring{A} \cap \mathring{B} = (A \cap B)^{\circ}$, $\overline{A} \cup \overline{B} = \overline{A \cup B}$.

e) $\mathring{A} \cup \mathring{B} \subset (A \cup B)^{\circ}$, $\overline{A} \cap \overline{B} \supset \overline{A \cap B}$. Gilt i.a. auch Gleichheit?

§2. Grenzwerte. Stetigkeit

Aufgabe 2 A.* Seien $f, g : X \longrightarrow \mathbb{R}$ zwei stetige Funktionen auf dem metrischen Raum X. Für $x \in X$ werde definiert

$$\varphi(x) := \max(f(x), g(x)), \qquad \psi(x) := \min(f(x), g(x)).$$

Man zeige, daß die Funktionen $\varphi, \psi : X \longrightarrow \mathbb{R}$ stetig sind.

Aufgabe 2 B. Es sei $f : \mathbb{R}^2 \longrightarrow \mathbb{R}$ definiert durch

$$f(x,y) := \begin{cases} \dfrac{xy}{\sqrt{|x|+y^2}}, & \text{falls } (x,y) \neq (0,0), \\ 0, & \text{falls } (x,y) = (0,0). \end{cases}$$

Man prüfe, ob f in $(0,0)$ stetig ist.

Aufgabe 2 C.* Man zeige, daß der Vektorraum $C[a,b]$ aller stetigen Funktionen $f : [a,b] \longrightarrow \mathbb{R}$ auf dem Intervall $[a,b] \subset \mathbb{R}$ mit der Supremums–Norm

$$\|f\| := \sup\{|f(x)| \ : \ x \in [a,b]\}$$

vollständig ist.

Aufgabe 2 D.* Auf dem Vektorraum $C^1[a,b]$ aller einmal stetig differenzierbaren Funktionen $f : [a,b] \longrightarrow \mathbb{R}$ werde folgende Norm eingeführt:

$$\|f\|_{C^1} := \sup\{|f(x)| + |f'(x)| \ : \ x \in [a,b]\}.$$

a) Man zeige, daß $C^1[a,b]$ mit dieser Norm vollständig ist.

b) Man zeige: Die Abbildung

$$D : C^1[a,b] \longrightarrow C[a,b], \qquad f \longmapsto f',$$

wird stetig, wenn man $C^1[a,b]$ mit der $\| \ \|_{C^1}$–Norm und $C[a,b]$ mit der Supremums–Norm versieht.

Aufgabe 2 E. (Hilbertscher Folgenraum).
Es sei $p \in [1,\infty[$. Weiter sei ℓ_p der Vektorraum aller reellen Zahlenfolgen $(x_i)_{i\in\mathbb{N}}$ mit

$$\left(\sum_{i=0}^{\infty} |x_i|^p\right)^{1/p} < \infty.$$

Dann wird durch

$$\|(x_n)\|_{\ell_p} := \left(\sum_{i=0}^{\infty} |x_i|^p\right)^{1/p}$$

eine Norm auf ℓ_p erklärt.
Man zeige, daß $(\ell_p, \| \ \|_{\ell_p})$ vollständig ist, d.h. ein Banach–Raum ist.

Aufgabe 2 F.* Sei A eine abgeschlossene Teilmenge eines vollständigen metrischen Raumes X und $f : A \longrightarrow A$ eine Abbildung. Es gebe eine Konstante θ mit $0 \le \theta < 1$, so daß

$$\|f(x), f(y)\| \le \theta \|x, y\| \qquad \text{für alle } x, y \in A.$$

Man beweise: Es gibt genau ein $a \in A$ mit $f(a) = a$. Für jedes $x_0 \in A$ konvergiert die durch

$$x_{n+1} := f(x_n), \quad n \in \mathbb{N},$$

definierte Folge gegen a. (Vgl. An. 1, §17, Satz 1.)

Aufgabe 2 G. Die Funktion $g : \mathbb{R} \longrightarrow \mathbb{R}$ mit Periode 2 sei definiert durch

$$g(t) := \begin{cases} 0, & \text{für } |t| \le 1/3, \\ 3t - 1, & \text{für } 1/3 < |t| < 2/3, \\ 1, & \text{für } 2/3 \le |t| \le 1 \end{cases}$$

und $g(t+2) = g(t)$ für alle $t \in \mathbb{R}$.
Die Abbildung $c : [0,1] \longrightarrow \mathbb{R}^2$ werde definiert durch

$$c(t) := \left(\sum_{n=0}^{\infty} \frac{g(4^{2n+2}t)}{2^{n+1}}, \sum_{n=0}^{\infty} \frac{g(4^{2n+1}t)}{2^{n+1}} \right).$$

Man zeige, daß c stetig ist und das Bild das ganze Einheitsquadrat ausfüllt, d.h. $c([0,1]) = [0,1]^2$ (eine sogenannte Peano–Kurve).
Anleitung. Für

$$t = \sum_{k=0}^{\infty} \frac{a_k}{4^{k+1}} \quad \text{mit } a_k \in \{0,1\}$$

ist $g(4^n t) = a_{n-1}$, $n \ge 1$, also

$$c(t) := \left(\sum_{n=0}^{\infty} \frac{a_{2n+1}}{2^{n+1}}, \sum_{n=0}^{\infty} \frac{a_{2n}}{2^{n+1}} \right).$$

Die Behauptung folgt dann mit Hilfe dyadischer Brüche (vgl. An. 1, §5).

§3. Kompaktheit

Aufgabe 3 A. Sei X ein kompakter metrischer Raum und $f : X \longrightarrow \mathbb{R}$ *lokal beschränkt*, d.h. zu jedem Punkt $p \in X$ gibt es eine Umgebung U von p, so daß $f|U$ beschränkt ist. Dann ist f auf ganz X beschränkt.

Aufgabe 3 B.* Man zeige, daß die Vereinigung von endlich vielen kompakten Teilmengen eines metrischen Raumes wieder kompakt ist.

Aufgabe 3 C. Es sei $A_0 \supset A_1 \supset A_2 \supset \ldots$ eine absteigende Folge von nichtleeren kompakten Teilmengen eines metrischen Raumes. Man zeige, daß dann auch die Menge

$$A := \bigcap_{n=0}^{\infty} A_n$$

nichtleer und kompakt ist.

Aufgabe 3 D.* Sei A eine Teilmenge von $\mathbb{R}^n$. Zu jeder Folge $(x_i)_{i\in\mathbb{N}}$ von Punkten $x_i \in A$ gebe es eine Teilfolge $(x_{i_k})_{k\in\mathbb{N}}$, die gegen einen Punkt $a \in A$ konvergiert. Man zeige, daß A dann kompakt ist.

Aufgabe 3 E.* Seien K und L kompakte Teilmengen von $\mathbb{R}^n$. Man zeige, daß dann auch die Menge

$$K+L := \{x+y \;:\; x \in K,\; y \in L\}$$

kompakt ist.

Aufgabe 3 F. Seien $K \subset \mathbb{R}^n$ und $L \subset \mathbb{R}^m$. Man zeige: $K \times L \subset \mathbb{R}^{n+m}$ ist genau dann kompakt, wenn K und L kompakt sind.

Aufgabe 3 G.* (Lebesguesches Lemma).
Sei K eine kompakte Teilmenge eines metrischen Raumes X und $(U_i)_{i\in I}$ eine offene Überdeckung von K.
Man zeige: Es gibt eine Zahl $\lambda > 0$ mit folgender Eigenschaft: Zu jeder Teilmenge $A \subset K$ mit $\operatorname{diam}(A) \le \lambda$ existiert ein $i \in I$ mit $A \subset U_i$.

Aufgabe 3 H.* Man beweise: Jeder kompakte metrische Raum ist vollständig.

Aufgabe 3 I. Es sei X ein metrischer Raum und $A \subset X$. A heißt *total beschränkt*, wenn es zu jedem $\varepsilon > 0$ eine endliche Teilmenge A' von A gibt, so daß

$$A \subset \bigcup_{x \in A'} B(x, \varepsilon).$$

Man zeige: $K \subset X$ ist genau dann kompakt, wenn K vollständig (d.h. der von K induzierte metrische Raum ist vollständig, vgl. An. 2, §1, Beispiel (1.2)) und total beschränkt ist.

Aufgabe 3 J.* Sei X ein metrischer Raum, $A \subset X$ und $x \in X \setminus A$ ein Punkt mit $\mathrm{dist}(x, A) = 0$. Man zeige, daß x Randpunkt von A ist.

Aufgabe 3 K.* Seien $I, J \subset \mathbb{R}$ kompakte Intervalle und $f : I \times J \longrightarrow \mathbb{R}$ eine stetige Funktion. Die Funktion $F : I \longrightarrow \mathbb{R}$ werde definiert durch

$$F(x) := \sup\{f(x, y) \ : \ y \in J\}.$$

Man zeige, daß F stetig ist.

§4. Kurven im $\mathbb{R}^n$

Aufgabe 4 A.* Seien a, b, c, $r \in \mathbb{R}$ mit $a < b$, $r > 0$. Man berechne die Bogenlänge der Kurve

$$f : [a, b] \longrightarrow \mathbb{R}^3, \qquad f(t) := (r \cos t, r \sin t, ct).$$

Aufgabe 4 B.* Sei $c \in \mathbb{R}^*$ und

$$f : \mathbb{R} \longrightarrow \mathbb{R}^2, \qquad f(t) := (e^{ct} \cos t, e^{ct} \sin t).$$

Die Kurve f heißt *logarithmische Spirale*.

a) Man skizziere die Kurve für $c = \frac{1}{2\pi}$ im Bereich $-2\pi \leq t \leq 2\pi$.

b) Für $[a, b] \subset \mathbb{R}$ sei $L_{a,b}$ die Bogenlänge der Kurve $f \restriction [a, b]$. Man berechne $L_{a,b}$.

c) Existiert $\lim\limits_{a \to -\infty} L_{a,0}$?

d) Man zeige, daß die logarithmische Spirale jeden Kreis um den Nullpunkt in genau einem Punkt schneidet und berechne den Cosinus des Schnittwinkels.

Aufgabe 4 C. Es sei $f : [-\pi, \pi] \longrightarrow \mathbb{R}^2$ definiert durch

$$f(t) := (\sin(2t)\cos(t), \sin(2t)\sin t).$$

Man skizziere die Kurve und zeige, daß $f \restriction]0, \pi[$ injektiv und regulär ist.

Aufgabe 4 D.*

a) Man zeige, daß für jedes $k \in [0, 1]$ das uneigentliche Integral

$$E(k) := \int_0^1 \frac{\sqrt{1 - k^2 t^2}}{\sqrt{1 - t^2}}\, dt$$

existiert. $E(k)$ heißt *vollständiges elliptisches Integral.*

b) Man drücke die Bogenlänge der Ellipse

$$f : [0, 2\pi] \longrightarrow \mathbb{R}^2, \qquad t \longmapsto (a\cos t, b\sin t),$$

mit den Halbachsen $a, b \in \mathbb{R}_+^*$ mit Hilfe von $E(k)$ aus.

Aufgabe 4 E. Es sei $f : [a, b] \longrightarrow \mathbb{R}^n$ eine reguläre Kurve. Dann existiert eine Parametertransformation

$$\varphi : [\alpha, \beta] \longrightarrow [a, b],$$

so daß die Kurve $g := f \circ \varphi$ nach der Bogenlänge parametrisiert ist, d.h. für alle $t \in [\alpha, \beta]$ gilt

$$\|g'(t)\| = 1.$$

Aufgabe 4 F. Man zeige, daß $f : [0, 1] \longrightarrow \mathbb{R}^2$, definiert durch

$$f(t) := \begin{cases} (t, t\cos(\pi/t)), & \text{falls } t \in]0, 1], \\ (0, 0), & \text{falls } t = 0, \end{cases}$$

eine stetige Kurve ist, die nicht rektifizierbar ist.

Aufgabe 4 G. Für zwei Punkte $x, y \in \mathbb{R}^n$ bezeichne

$$< x, y > := \{\lambda x + (1 - \lambda) y \ : \ 0 \leq \lambda \leq 1\}$$

die Verbindungsstrecke von x nach y. Eine Teilmenge $P \subset \mathbb{R}^n$ heißt ein *Polygonzug*, wenn es Punkte $x_1, x_2, \ldots, x_k \in \mathbb{R}^n$ gibt, so daß

$$P = \bigcup_{i=1}^{k-1} < x_i, x_{i+1} > .$$

a) Man beweise: Die Funktion $f : [0,1] \longrightarrow \mathbb{R}$, definiert durch

$$f(x) := \begin{cases} \exp\left(-\dfrac{1}{x(1-x)}\right), & \text{falls } x \in \,]0,1[, \\ 0, & \text{falls } x \in \{0,1\}, \end{cases}$$

ist in $[0,1]$ beliebig oft differenzierbar (in 0 und 1 einseitig differenzierbar), und es gilt

$$f^{(k)}(0) = f^{(k)}(1) = 0 \qquad \text{für alle } k \in \mathbb{N}.$$

b) Es sei f die Funktion aus a) und

$$C := \int_0^1 f(x)\,dx.$$

Dann ist $C > 0$. Wir definieren eine Funktion $F : [0,1] \longrightarrow \mathbb{R}$ durch

$$F(x) := \frac{1}{C}\int_0^x f(\xi)\,d\xi.$$

Man zeige:

i) F ist streng monoton wachsend mit $F(0) = 0$ und $F(1) = 1$.

ii) F ist in $[0,1]$ beliebig oft differenzierbar mit

$$F^{(k)}(0) = F^{(k)}(1) = 0 \qquad \text{für alle } k \geq 1.$$

c) Man beweise mit b), daß jeder Polygonzug P die Bildmenge $c([a,b])$ einer beliebig oft differenzierbaren Kurve $c : [a,b] \longrightarrow \mathbb{R}^n$ ist.

§5. Partielle Ableitungen

Aufgabe 5 A.* Man untersuche, an welchen Stellen die Funktion

$$f : \mathbb{R}^2 \longrightarrow \mathbb{R}, \qquad (x,y) \longmapsto y\sqrt{2x^2+y^2}$$

(einmal) partiell differenzierbar ist und berechne dort ihre partiellen Ableitungen.

Aufgabe 5 B.* Die Funktion $F : \mathbb{R}^2 \longrightarrow \mathbb{R}$ sei definiert durch

$$F(x,y) := \begin{cases} xy\dfrac{x^2-y^2}{x^2+y^2}, & \text{falls } (x,y) \neq (0,0), \\ 0, & \text{falls } (x,y) = (0,0). \end{cases}$$

Man zeige, daß F überall zweimal partiell differenzierbar ist, daß aber

$$D_1D_2F(0,0) \neq D_2D_1F(0,0).$$

Ist F im Nullpunkt stetig?

Aufgabe 5 C.* Sei $U \subset \mathbb{R}^3$ offen und $v : U \longrightarrow \mathbb{R}^3$ ein zweimal stetig differenzierbares Vektorfeld. Man zeige, daß

$$\text{div rot v} = 0.$$

Aufgabe 5 D. Sei $U \subset \mathbb{R}^3$ offen und $v = (v_1, v_2, v_3) : U \longrightarrow \mathbb{R}^3$ ein zweimal stetig differenzierbares Vektorfeld. Man zeige, daß

$$\text{rot (rot v)} = \nabla(\text{div v}) - (\Delta \text{v}_1, \Delta \text{v}_2, \Delta \text{v}_3).$$

Aufgabe 5 E.* Sei $U \subset \mathbb{R}^n$ offen und seien $f, g : U \longrightarrow \mathbb{R}$ zweimal stetig partiell differenzierbare Funktionen. Man zeige

$$\Delta(fg) = f\Delta g + 2\langle \nabla f, \nabla g \rangle + g\Delta f.$$

Aufgabe 5 F.* Man zeige: Die Funktion $F : \mathbb{R}^n \times \mathbb{R}_+^* \longrightarrow \mathbb{R}$, definiert durch

$$F(x,t) := t^{-n/2} \exp\left(-\frac{\|x\|^2}{4t}\right),$$

ist eine Lösung der Wärmeleitungsgleichung

$$\Delta F - \frac{\partial F}{\partial t} = 0.$$

Aufgabe 5 G.* Sei $c > 0$, $k \in \mathbb{R}^n$ und $\omega := \|k\|c$. Sei $f : \mathbb{R} \longrightarrow \mathbb{R}$ eine beliebige, zweimal stetig differenzierbare Funktion. Man zeige: Die Funktion

$$F : \mathbb{R}^n \times \mathbb{R} \longrightarrow \mathbb{R}, \qquad F(x,t) := f(\langle k, x\rangle - \omega t)$$

ist eine Lösung der Schwingungsgleichung

$$\Delta F - \frac{1}{c^2}\frac{\partial^2 F}{\partial t^2} = 0.$$

§6. Totale Differenzierbarkeit

Aufgabe 6 A.* Man berechne die Jacobi–Matrix der Abbildung $F : \mathbb{R}^3 \longrightarrow \mathbb{R}^3$,

$$F(r, \theta, \varphi) := (r \sin\theta \cos\varphi, r \sin\theta \sin\varphi, r \cos\theta).$$

Aufgabe 6 B.* Es sei p die wie folgt definierte Abbildung

$$p : \mathbb{R}_+^* \times \mathbb{R} \longrightarrow \mathbb{R}^2, \qquad p(r, \varphi) = (r \cos\varphi, r \sin\varphi).$$

Man zeige: Ist $u : G \longrightarrow \mathbb{R}$ eine auf der offenen Menge $G \subset \mathbb{R}^2$ zweimal stetig differenzierbare Funktion, so gilt auf der Menge $p^{-1}(G)$ die Gleichung

$$(\Delta u) \circ p = \frac{\partial^2 (u \circ p)}{\partial r^2} + \frac{1}{r} \frac{\partial (u \circ p)}{\partial r} + \frac{1}{r^2} \frac{\partial^2 (u \circ p)}{\partial \varphi^2}.$$

Aufgabe 6 C.* Sei $U \subset \mathbb{R}^n$ eine offene Kugel und $f : U \longrightarrow \mathbb{R}^m$ eine stetig differenzierbare Abbildung mit beschränktem Differential, d.h. es gebe eine Konstante $K \in \mathbb{R}_+$, so daß

$$\|Df(x)\| \leq K \qquad \text{für alle } x \in U.$$

Man zeige, daß f in U gleichmäßig stetig ist.

Aufgabe 6 D.* Sei $U \subset \mathbb{R}^n$ offen und $f : U \longrightarrow \mathbb{R}$ eine stetig differenzierbare Funktion. Sei $x \in U$ und $f(x) =: c$. Man zeige, daß der Gradient gradf(x) auf der Niveaufläche

$$N_f(c) = \{z \in U \; : \; f(z) = c\}$$

senkrecht steht, d.h. folgendes gilt: Ist

$$\varphi : \,]-\varepsilon, \varepsilon[\, \longrightarrow \mathbb{R}^n, \quad (\varepsilon > 0),$$

eine beliebige stetig differenzierbare Kurve mit

$$\varphi(0) = x \quad \text{und} \quad \varphi(\,]-\varepsilon, \varepsilon[\,) \subset N_f(c),$$

so folgt

$$\langle \varphi'(0), \text{gradf(x)} \rangle = 0.$$

Aufgabe 6 E. Es seien $x \in \mathbb{R}^n$ und $r > 0$. Weiter sei $f : B(x, r) \longrightarrow \mathbb{R}$ eine stetig differenzierbare Funktion.

Man zeige: Gilt

$$\nabla f(x) = 0 \qquad \text{für alle } x \in B(x,r),$$

so ist f auf $B(x,r)$ konstant.

Aufgabe 6 F.* Es sei

$$M := \{(x,y) \in \mathbb{R}^2 \ : \ x = y \text{ und } x \neq 0\}.$$

Weiter sei eine Funktion $f : \mathbb{R}^2 \longrightarrow \mathbb{R}$ gegeben durch

$$f(x,y) := \begin{cases} e^x - 1, & \text{falls } (x,y) \in M, \\ 0, & \text{falls } (x,y) \notin M. \end{cases}$$

Man zeige:

a) f ist in $(x,y) \in \mathbb{R}^2$ genau dann partiell differenzierbar, wenn $(x,y) \notin M$ ist.

b) Die Richtungsableitung $D_v f(0)$ von f in 0 existiert für jedes $v \in \mathbb{R}^2$ mit $\|v\| = 1$.

c) Es gibt ein $v \in \mathbb{R}^2$ mit $\|v\| = 1$ und

$$D_v f(0) \neq \langle v, \operatorname{grad} f(0) \rangle.$$

§7. Taylor–Formel. Lokale Extrema

Aufgabe 7 A.* Man bestimme die Taylor–Entwicklung der Funktion

$$f : \mathbb{R}_+^* \times \mathbb{R}_+^* \longrightarrow \mathbb{R}, \qquad f(x,y) := \frac{x-y}{x+y},$$

im Punkt $(1,1)$ bis einschließlich den Gliedern 2.Ordnung.

Aufgabe 7 B.* Man bestimme die lokalen Extrema der Funktion

$$f : \mathbb{R}^2 \longrightarrow \mathbb{R}, \qquad f(x,y) := (4x^2 + y^2)\exp(-x^2 - 4y^2).$$

Aufgabe 7 C. Man bestimme die lokalen Extrema der Funktion

$$f : \mathbb{R}^2 \longrightarrow \mathbb{R} \qquad f(x,y) := \sin x \sin y.$$

Aufgabe 7 D. Es sei

$$A = \begin{pmatrix} a & b \\ b & c \end{pmatrix}$$

eine symmetrische 2×2–Matrix. Weiter sei D die Determinante von A, also $D = ac - b^2$.
Man zeige ohne Anwendung des Charakterisierungssatzes von An. 2, §7, S.61:

a) A ist positiv definit, falls $a > 0$ und $D > 0$.

b) A ist negativ definit, falls $a < 0$ und $D > 0$.

c) A ist indefinit, falls $D < 0$.

Aufgabe 7 E.* Sei $P : \mathbb{R}^n \longrightarrow \mathbb{R}$ das folgende homogene Polynom k–ten Grades

$$P(x) = \sum_{|\alpha|=k} c_\alpha x^\alpha,$$

$c_\alpha \in \mathbb{R}$, $\alpha = (\alpha_1, \ldots, \alpha_n) \in \mathbb{N}^n$, $x = (x_1, \ldots, x_n) \in \mathbb{R}^n$.
Man beweise:

a) Ist $\beta \in \mathbb{N}^n$ ein n–tupel mit $|\beta| = k$, so gilt

$$D^\beta P(x) = \beta!\, c_\beta.$$

b) Gilt $P(x) = 0$ für alle x aus einer gewissen Umgebung des Nullpunkts, so folgt $c_\alpha = 0$ für alle $\alpha \in \mathbb{N}^n$ mit $|\alpha| = k$.

c) Es gilt $P(x) = o(\|x\|^m)$ für alle $m < k$.

d) Gilt $P(x) = o(\|x\|^k)$, so folgt $P(x) = 0$ für alle $x \in \mathbb{R}^n$.

Aufgabe 7 F.* Seien $U \subset \mathbb{R}^n$ offen, $f : U \longrightarrow \mathbb{R}$ eine Funktion und $x \in U$ ein Punkt. In einer Umgebung von x gelte

$$f(x + \xi) = \sum_{|\alpha| \le k} c_\alpha \xi^\alpha + \varphi(\xi)$$

und

$$f(x + \xi) = \sum_{|\alpha| \le k} \widetilde{c}_\alpha \xi^\alpha + \widetilde{\varphi}(\xi)$$

mit $\varphi(\xi) = o(\|\xi\|^k)$ und $\widetilde{\varphi}(\xi) = o(\|\xi\|^k)$. Man zeige, daß dann bereits $c_\alpha = \widetilde{c}_\alpha$ für alle $\alpha \in \mathbb{N}^n$ mit $|\alpha| \le k$ gilt.

Aufgabe 7 G.* Seien U eine offene Teilmenge des $\mathbb{R}^n$ und $C_b^k(U)$ die Menge alle k–mal stetig differenzierbaren Funktionen $f : U \longrightarrow \mathbb{R}$, für die $D^\alpha f$ beschränkt in U ist für jedes $\alpha \in \mathbb{N}^n$ mit $|\alpha| \le k$. Für $f \in C_b^k(U)$ werde definiert

$$\|f\|_k := \sum_{|\alpha| \le k} \frac{1}{\alpha!} \sup\{|D^\alpha f(x)| \; : \; x \in U\}.$$

Man beweise:

a) Die Abbildung

$$\| \; \|_k : C_b^k(U) \longrightarrow \mathbb{R}, \qquad f \longmapsto \|f\|_k$$

ist eine Norm auf dem Vektorraum $C_b^k(U)$.

b) Für $f, g \in C_b^k(U)$ gilt

$$\|fg\|_k \le \|f\|_k \|g\|_k.$$

c) Der normierte Vektorraum $(C_b^k(U), \| \; \|_k)$ ist vollständig.

§8. Implizite Funktionen

Aufgabe 8 A.* Es sei $F : \mathbb{R}^2 \longrightarrow \mathbb{R}^2$ die durch

$$F(x, y) := (x^2 - y^2, 2xy)$$

definierte Abbildung. Man berechne die Funktional–Matrix von F und, wo sie existiert, ihre Inverse. Man zeige, daß F surjektiv ist und daß jeder Punkt $(x, y) \in \mathbb{R}^2 \setminus \{(0,0)\}$ genau zwei Urbildpunkte besitzt.

Aufgabe 8 B.* Man diskutiere die Höhenlinien der Funktion

$$F : \mathbb{R}_+^* \times \mathbb{R}_+^* \longrightarrow \mathbb{R}, \qquad (x, y) \longmapsto xye^{-x-y}$$

und untersuche insbesondere, in welchen Rechtecken $I \times J \subset \mathbb{R}_+^* \times \mathbb{R}_+^*$ sich die Mengen

$$\{(x,y) \in I \times J \ : \ F(x,y) = c\}$$

in der Form

$$\{(x,y) \in I \times J \ : \ y = \varphi(x)\} \quad \text{bzw.} \quad \{(x,y) \in I \times J \ : \ x = \psi(y)\}$$

mit differenzierbaren Funktionen $\varphi : I \longrightarrow J$ bzw. $\psi : J \longrightarrow I$ darstellen lassen.

Aufgabe 8 C.* Man bestimme die Maxima und Minima der Funktion

$$f(x,y) := 4x^2 - 3xy$$

auf der Kreisscheibe

$$K := \{(x,y) \in \mathbb{R}^2 \ : \ x^2 + y^2 \leq 1\}.$$

Anleitung. Man berechne zunächst die lokalen Extrema von f im Inneren von K und dann auf dem Rand von K, d.h. unter der Nebenbedingung $x^2 + y^2 = 1$.

Aufgabe 8 D. Man bestimme den Abstand des Punktes $(1, -1, 0)$ von dem Rotationshyperboloid

$$H := \{(x,y,z) \in \mathbb{R}^3 \ : \ x^2 + y^2 - z^2 = 1\},$$

d.h.

$$\inf_{(x,y,z) \in H} d((x,y,z), (1,-1,0)).$$

§9. Integrale, die von einem Parameter abhängen

Aufgabe 9 A.* Man berechne das Integral

$$\int_0^x t^n e^{-t} \, dt$$

durch Differenzieren des Parameter–abhängigen Integrals

$$F(y) := \int_0^x e^{-ty} \, dt.$$

Aufgabe 9 B.* Sei $I \subset \mathbb{R}$ ein offenes Intervall, $a \in I$ und

$$f : I \times I \longrightarrow \mathbb{R}, \qquad (x, y) \longmapsto f(x, y),$$

eine stetige, nach der zweiten Variablen stetig partiell differenzierbare Funktion. Man zeige, daß die durch

$$F(y) := \int_a^y f(x, y)\, dx$$

definierte Funktion $F : I \longrightarrow \mathbb{R}$ differenzierbar ist, und daß für alle $y \in I$ gilt

$$F'(y) = f(y, y) + \int_a^y D_2 f(x, y)\, dx.$$

Anleitung. Man beweise, daß die durch

$$G(y, z) := \int_a^z f(x, y)\, dx$$

definierte Funktion $G : I \times I \longrightarrow \mathbb{R}$ stetig partiell differenzierbar ist und wende die Kettenregel an.

Aufgabe 9 C. Man zeige:

$$\int_0^1 \frac{\ln(1 + x)}{1 + x^2}\, dx = \frac{1}{2} \ln 2 \cdot \arctan(1).$$

Anleitung. Man gehe in drei Schritten vor:

(1) Man setze $I :=]-\frac{1}{2}, 2[$, $a := 0$ und definiere zwei Funktionen $f : I \times I \longrightarrow \mathbb{R}$, $F : I \longrightarrow \mathbb{R}$ durch

$$f(x, y) := \frac{\ln(1 + xy)}{1 + x^2}, \qquad F(y) := \int_a^y f(x, y)\, dx.$$

Mittels Aufgabe 9 B berechne man dann F'.

(2) Man bestimme durch Integrieren von F' aus (1) eine Stammfunktion G von F'. (G liegt dann in einer „integralfreien Form“ vor.)

(3) Man berechne $F(1)$.

Aufgabe 9 D.* Sei $g : \mathbb{R}^2 \longrightarrow \mathbb{R}$ die Funktion

$$g(x,y) := \begin{cases} \dfrac{xy^3}{(x^2+y^2)^2}, & \text{falls } (x,y) \neq (0,0), \\ 0, & \text{falls } (x,y) = (0,0). \end{cases}$$

Man zeige, daß für jedes $y \in \mathbb{R}$ die Integrale

$$f(y) := \int_0^1 g(x,y)\, dx \quad \text{und} \quad f^*(y) := \int_0^1 D_2 g(x,y)\, dx$$

wohldefiniert sind, und daß die Funktion $f : \mathbb{R} \longrightarrow \mathbb{R}$ differenzierbar ist, jedoch $f'(0) \neq f^*(0)$ gilt.

Aufgabe 9 E.* Es sei $f : [-1,1] \times [-1,1] \longrightarrow \mathbb{R}$ die wie folgt definierte Funktion:

$$f(x,y) := \begin{cases} \sqrt{1-x^2-y^2}, & \text{falls } x^2+y^2 \leq 1, \\ 0, & \text{falls } x^2+y^2 > 1. \end{cases}$$

Man berechne das Doppelintegral

$$\int_{-1}^{1}\int_{-1}^{1} f(x,y)\, dx\, dy.$$

Aufgabe 9 F. Es sei $f : [0,1] \times [0,1] \longrightarrow \mathbb{R}$ definiert durch

$$f(x,y) := \begin{cases} \dfrac{x-y}{(x+y)^3}, & \text{falls } (x,y) \neq (0,0), \\ 0, & \text{falls } (x,y) = (0,0). \end{cases}$$

Man zeige, daß f in $(0,0)$ nicht stetig ist, indem man

$$\int_0^1 \left(\int_0^1 f(x,y)\, dx \right) dy \neq \int_0^1 \left(\int_0^1 f(x,y)\, dy \right) dx$$

bestätige.

§10. Existenz– und Eindeutigkeitssatz

Aufgabe 10 A.* Man skizziere das Richtungsfeld der Differentialgleichung

$$y' = \frac{x}{y} \quad \text{in} \quad \mathbb{R} \times \mathbb{R}_+^*$$

und gebe die Lösung $\varphi : \mathbb{R} \longrightarrow \mathbb{R}$ dieser Differentialgleichung an, die der Anfangsbedingung $\varphi(0) = c$, $(c > 0)$, genügt.

Aufgabe 10 B.* Mit Hilfe des Picard–Lindelöfschen Iterationsverfahrens berechne man die Lösung $\varphi : \mathbb{R} \longrightarrow \mathbb{R}^2$ des Differentialgleichungssystems

$$\begin{cases} y_1' = -y_2, \\ y_2' = y_1 \end{cases}$$

mit der Anfangsbedingung $\varphi(0) = \binom{1}{0}$.

Aufgabe 10 C.* Sei $f : \mathbb{R} \times \mathbb{R} \longrightarrow \mathbb{R}$ eine stetige Funktion, die lokal einer Lipschitz–Bedingung genüge. Es gelte

$$f(-x, y) = -f(x, y) \qquad \text{für alle } (x, y) \in \mathbb{R}^2.$$

Man beweise: Ist $r > 0$, so geht jede Lösung

$$\varphi : [-r, r] \longrightarrow \mathbb{R}$$

der Differentialgleichung $y' = f(x, y)$ bei Spiegelung an der y–Achse in sich über.

Aufgabe 10 D.* Sei $I \subset \mathbb{R}$ ein Intervall und $f : I \times \mathbb{R}^n \longrightarrow \mathbb{R}^n$ eine stetige Funktion, die in $I \times \mathbb{R}^n$ global einer Lipschitz–Bedingung mit der Konstanten $L \in \mathbb{R}_+$ genügt. Weiter seien $\varphi, \psi : I \longrightarrow \mathbb{R}^n$ zwei Lösungen der Differentialgleichung $y' = f(x, y)$. Sei $a \in I$ und $\delta := \|\varphi(a) - \psi(a)\|$. Man zeige

$$\|\varphi(x) - \psi(x)\| \leq \delta e^{L|x-a|} \qquad \text{für alle } x \in I.$$

Aufgabe 10 E.* Seien $a \in \mathbb{R}$, $\varepsilon > 0$ und $I := [a - \varepsilon, a + \varepsilon]$. Mit C werde der Vektorraum aller stetigen Funktionen $\varphi : I \longrightarrow \mathbb{R}$ bezeichnet.

a) Man zeige: Durch

$$\|\varphi\| := \sup_{x \in I} \|\varphi(x)\|$$

wird auf C eine Norm definiert, bzgl. der C vollständig ist.

b) Sei $c \in \mathbb{R}^n$ und $r > 0$. Es sei $A \subset C$ die Menge aller Funktionen $\varphi \in C$, so daß

$$\|\varphi(x) - c\| \le r \qquad \text{für alle } x \in I.$$

Man zeige, daß A eine abgeschlossene Teilmenge von C ist.

c) Sei $V := \{(x, y) \in I \times \mathbb{R}^n \ : \ \|y - c\| \le r\}$ und $f : V \longrightarrow \mathbb{R}^n$ eine stetige Funktion, die in V einer Lipschitz–Bedingung mit der Konstanten $L \in \mathbb{R}_+$ genügt. Eine Abbildung $T : A \longrightarrow C$ werde definiert durch

$$(T\varphi)(x) := c + \int_a^x f(t, \varphi(t))\, dt, \qquad x \in I.$$

Man zeige, daß T stetig ist und für je zwei Funktionen $\varphi, \psi \in A$ gilt

$$\|T\varphi - T\psi\| \le L\varepsilon\, \|\varphi - \psi\|.$$

d) Sei $M := \sup\{\|f(x, y)\| \ : \ (x, y) \in V\}$. Man zeige: Gilt $\varepsilon \le r/M$, so folgt $T(A) \subset A$. Man beweise mit Hilfe von Aufgabe 2 F: Falls

$$\varepsilon \le \min\left(\frac{r}{M}, \frac{1}{2}L\right),$$

so gibt es genau ein $\varphi \in A$ mit $T\varphi = \varphi$.

§11. Elementare Lösungsmethoden

Aufgabe 11 A.* Man bestimme die allgemeine Lösung der folgenden Differentialgleichungen, d.h. die Lösung durch einen beliebigen Punkt (x_0, y_0) des Definitionsbereichs.

a) $y' = e^y \cos x$,

b) $y' = \sqrt{1 - y^2}, \qquad (|y| < 1)$,

c) $y' = \dfrac{1}{y}\sqrt{1 - y^2}, \qquad (0 < y < 1)$,

d) $y' = (a^2 + x^2)(b^2 + y^2), \qquad a, b \in \mathbb{R}$,

e) $(1-x^2)y' - xy + 1 = 0, \qquad (|x| < 1).$

Aufgabe 11 B. Man bestimme alle Lösungen $\varphi : \mathbb{R} \longrightarrow \mathbb{R}$ der Differentialgleichung

$$y' = 2\sqrt{|y|}$$

mit der Anfangsbedingung $y(0) = 0$.
Anleitung. Man zeige, daß für eine beliebige Lösung $\varphi : \mathbb{R} \longrightarrow \mathbb{R}$ der obigen Differentialgleichung mit der Anfangsbedingung $\varphi(0) = 0$ gilt: Ist $x_0 \in \mathbb{R}$ mit $\varphi(x_0) > 0$ (bzw. $\varphi(x_0) < 0$), so gilt $\varphi(x) > 0$ für alle $x \in [x_0, \infty[$ (bzw. $\varphi(x) < 0$ für alle $x \in]-\infty, x_0]$).
Aufgabe 11 C.* Man bestimme die allgemeine Lösung der folgenden Differentialgleichungen.

a) $y' = (x+y)^2$,

b) $(1+x^2)y' + xy - xy^2 = 0$,

c) $y' + y + (\sin x + e^x)y^3 = 0$.

Anleitung. Man verwende folgende Substitutionen:

$$\text{a) } z = x + y, \qquad \text{b) } z = \frac{1}{y}, \qquad \text{c) } z = \frac{1}{y^2}.$$

Aufgabe 11 D. Man löse die Differentialgleichung

$$2yy'' = (y')^2 + 4y^2, \qquad (y > 0),$$

mit Hilfe der Substitution $z = \frac{y'}{2y}$.

Aufgabe 11 E.* Man bestimme die allgemeine Lösung der folgenden homogenen Differentialgleichungen (bei b) und c) in impliziter Form).

a) $y' = \dfrac{y}{x} + \dfrac{1}{\sin \frac{y}{x}}, \qquad (x > 1, y \in]0, \pi[),$

b) $y' = \dfrac{2y - x}{y}, \qquad (x \in]0, 1[, y > 1),$

c) $y' = \dfrac{x+y}{x+2y}, \qquad (x > 0, y > 0).$

Aufgabe 11 F.* Man löse die Differentialgleichung

$$\frac{d^2r}{dt^2} = -\frac{\gamma}{r^2}, \qquad (r > 0),$$

mit der Anfangsbedingung

$$r(0) = r_0 > 0, \qquad \dot{r}(0) = v_0 > 0.$$

Dabei ist γ eine positive Konstante.
Man zeige: Es gibt ein $v^* > 0$, so daß für $v_0 \geq v^*$ die Lösung $r(t)$ für $t \to \infty$ unbegrenzt wächst, während für $v_0 < v^*$ ein $t_1 > 0$ so existiert, daß die Lösung $r(t)$ im Intervall $0 \leq t \leq t_1$ monoton wächst und für $t \geq t_1$ monoton fällt.
Bemerkung. Die Differentialgleichung beschreibt die radiale Bewegung eines Körpers unter dem Einfluß der Schwerkraft eines anderen.
Man berechne die Geschwindigkeit v^* für die Erdanziehung und

$$r_0 = 6370 \text{ km} \quad \text{(Erdradius)}.$$

Für die Erde ist $\gamma = g\,r_0^2$, wobei

$$g = 9.81 \frac{\text{m}}{\text{sec}^2} \quad \text{(Erdbeschleunigung)}.$$

§12. Lineare Differentialgleichungen

Aufgabe 12 A.* Sei $I \subset \mathbb{R}$ ein Intervall und

$$A = \begin{pmatrix} a_{11} & a_{12} \\ a_{21} & a_{22} \end{pmatrix} : I \longrightarrow M(2 \times 2, \mathbb{R})$$

eine stetige Abbildung. Die Differentialgleichung

$$y' = Ay$$

besitze die spezielle Lösung $\varphi = \binom{\varphi_1}{\varphi_2} : I \longrightarrow \mathbb{R}^2$. Im Teilintervall $J \subset I$ gelte $\varphi_1(x) \neq 0$ für alle $x \in J$.
Man zeige: Man erhält eine zweite, von φ linear unabhängige Lösung $\psi : J \longrightarrow \mathbb{R}^2$ durch den Ansatz

$$\psi(x) = u(x)\begin{pmatrix}\varphi_1(x)\\ \varphi_2(x)\end{pmatrix} + \begin{pmatrix}0\\ g(x)\end{pmatrix},$$

wobei $u, g : J \longrightarrow \mathbb{R}$ differenzierbare Funktionen sind, die folgenden Differentialgleichungen genügen:

$$\begin{cases} g' = \left(a_{22} - a_{12}\dfrac{\varphi_2}{\varphi_1}\right) g, \\[2ex] u' = \dfrac{a_{12}}{\varphi_1} g. \end{cases}$$

Aufgabe 12 B.* Man bestimme alle Lösungen des folgenden Differentialgleichungssystems auf $\mathbb{R}_+^*$:

$$\begin{cases} y_1' = -y_1 + \dfrac{1}{x} y_2 + \ln x + \dfrac{1}{x}, \\[2ex] y_2' = (1-x) y_1 + y_2 + (x-1)\ln x. \end{cases}$$

Anleitung. Eine spezielle Lösung des homogenen Systems ist $\varphi(x) = \binom{1}{x}$.

Aufgabe 12 C.* Man bestimme alle Lösungen der folgenden Differentialgleichungen:

a) $(2x+1)y'' + (4x-2)y' - 8y = (6x^2 + x - 3)e^x, \quad (x > -\frac{1}{2})$,

b) $x^2(1-x)y'' + 2x(2-x)y' + 2(1+x)y = x^2, \quad (0 < x < 1)$.

Anleitung. Die zugehörige homogene Gleichung besitzt eine spezielle Lösung der Gestalt $y = e^{\alpha x}$ im Fall a) und $y = x^\beta$ im Fall b) mit geeigneten Konstanten α, β. Eine weitere Lösung der homogenen Gleichung erhält man mit An. 2, §12, Satz 6. Eine spezielle Lösung der inhomogenen Gleichung bestimme man durch Zurückführung auf ein System 1.Ordnung und Variation der Konstanten.

Aufgabe 12 D.* Sei $I \subset \mathbb{R}$ ein Intervall und $A : I \longrightarrow M(n \times n, \mathbb{R})$ eine matrixwertige Funktion, deren Komponenten beliebig oft differenzierbar seien. Man zeige, daß alle Lösungen $\varphi : I \longrightarrow \mathbb{R}^n$ der Differentialgleichung $y' = A(x)y$ beliebig oft differenzierbar sind.

Aufgabe 12 E.* Man bestimme ein Lösungs–Fundamentalsystem der Besselschen Differentialgleichung für $p = \frac{1}{2}$,

$$y'' + \frac{1}{x} y' + \left(1 - \frac{1}{4x^2}\right) y = 0,$$

durch den Ansatz $z = \sqrt{x} y$.

Aufgabe 12 F.* Sei $C^\infty(\mathbb{R}_+^*)$ der Vektorraum aller beliebig oft differenzierbaren Funktionen $f : \mathbb{R}_+^* \longrightarrow \mathbb{R}$. Lineare Abbildungen

$$T_p, S_p, B_p : C^\infty(\mathbb{R}_+^*) \longrightarrow C^\infty(\mathbb{R}_+^*)$$

seien wie folgt definiert:

$$\begin{aligned}
(T_p f)(x) &:= f'(x) + \frac{p}{x} f(x), \\
(S_p f)(x) &:= -f'(x) + \frac{p}{x} f(x), \\
(B_p f)(x) &:= f''(x) + \frac{1}{x} f'(x) + \left(1 - \frac{p^2}{x^2}\right) f(x).
\end{aligned}$$

(Die Besselsche Differentialgleichung läßt sich dann schreiben als $B_p y = 0$.)

a) Man zeige: Für jedes $f \in C^\infty(\mathbb{R}_+^*)$ gilt

   i) $T_{p+1} S_p f = f - B_p f$,
   ii) $S_{p-1} T_p f = f - B_p f$,
   iii) $T_p B_p f = B_{p-1} T_p f$,
   iv) $S_p B_p f = B_{p+1} S_p f$.

b) Sei $V_p := \{f \in C^\infty(\mathbb{R}_+^*) \ : \ B_p f = 0\}$ der Vektorraum der Zylinderfunktionen der Ordnung p. Man zeige:

   i) $T_p(V_p) \subset V_{p-1}$, $S_p(V_p) \subset V_{p+1}$.
   ii) Die Abbildungen $S_p : V_p \longrightarrow V_{p+1}$ und $T_{p+1} : V_{p+1} \longrightarrow V_p$ sind Isomorphismen und Umkehrungen voneinander.

c) Man bestimme mittels b) und Aufgabe 12 E alle Zylinderfunktionen der Ordnungen $p = \frac{3}{2}$ und $p = \frac{5}{2}$.

Aufgabe 12 G.*

a) Seien α, β, γ, p reelle Konstanten, $\beta > 0$, $\gamma \neq 0$. Man zeige, daß für die Lösungen der Differentialgleichung

$$y'' + \frac{1 - 2\alpha}{x} y' + \left((\beta\gamma x^{\gamma-1})^2 + \frac{\alpha^2 - p^2\gamma^2}{x^2}\right) y = 0, \quad (x > 0),$$

gilt $y(x) = x^\alpha u(\beta x^\gamma)$, wobei u eine Lösung der Besselschen Differentialgleichung zum Parameter p ist.

b) Man drücke die Lösungen der folgenden Differentialgleichungen mit Hilfe von Zylinderfunktionen aus (a, b, $m \in \mathbb{R}$):

i) $y'' + a^2x^m y = 0, \quad (a \neq 0, m \neq -2),$

ii) $y'' + \left(1 - \dfrac{a(a+1)}{x^2}\right) y = 0,$

iii) $y'' + \dfrac{a}{x}y' + \dfrac{b^2}{4x}y = 0, \quad (b \neq 0).$

c) Man löse die beiden Differentialgleichungen i) und iii) in den Ausnahmefällen $m = -2$ und $b = 0$.

Aufgabe 12 H. Sei n eine natürliche Zahl. Man zeige, daß für die Lösungen der Differentialgleichung

$$y'' + (2n + 1 - x^2)y = 0$$

gilt $y(x) = e^{-x^2/2}u(x)$, wobei u eine Lösung der Hermiteschen Differentialgleichung

$$u'' - 2xu' + 2nu = 0$$

ist.

Aufgabe 12 I.* Sei $r > 0$, $I := \,]-r, r[$ und seien $a, b : I \longrightarrow \mathbb{R}$ zwei stetige Funktionen. a sei ungerade und b sei gerade, d.h.

$$a(-x) = -a(x), \qquad b(-x) = b(x) \qquad \text{für alle } x \in I.$$

Man zeige: Die Differentialgleichung

$$y'' + a(x)y' + b(x)y = 0$$

besitzt ein Fundamentalsystem von Lösungen, das aus einer geraden und einer ungeraden Funktion besteht.

§13. Lineare Differentialgleichungen mit konstanten Koeffizienten

Aufgabe 13 A.* Man bestimme ein reelles Fundamentalsystem von Lösungen für die folgenden Differentialgleichungen:

a) $y'' - 4y' + 4y = 0$,

b) $y''' - 2y'' - 5y' + 6y = 0$,

c) $y''' - 2y'' + 2y' - y = 0$,

d) $y''' - y = 0$,

e) $y^{(4)} + y = 0$,

f) $y^{(8)} + 4y^{(6)} + 6y^{(4)} + 4y'' + y = 0$.

Aufgabe 13 B. Es seien $a, b \in \mathbb{R}$. Man bestimme ein reelles Lösungs–Fundamentalsystem der Differentialgleichung

$$y'' + ay' + by = 0.$$

Hinweis. Man führe folgende Fallunterscheidung durch: $D > 0$, $D = 0$ und $D < 0$, wobei $D := a^2/4 - b$.

Aufgabe 13 C.* Man bestimme alle reellen Lösungen der folgenden Differentialgleichungen:

a) $y'' + 3y' + 2y = 2$,

b) $y'' + y' - 12y = 1 + x^2$,

c) $y'' - 5y' + 6y = 4xe^x - \sin x$,

d) $y''' - 2y'' + y' = 1 + e^x \cos(2x)$,

e) $y^{(4)} + 2y'' + y = 25e^{2x}$,

f) $y^{(n)} = xe^x, n \in \mathbb{N}$.

Aufgabe 13 D.* Man bestimme alle reellen Lösungen der Differentialgleichung

$$\ddot{x} + 2\mu\dot{x} + \omega_0^2 x = a\cos(\omega t),$$

$\omega_0, \omega, \mu \in \mathbb{R}_+^*$, $a \in \mathbb{R}$, und untersuche deren Verhalten für $t \to \infty$.

Aufgabe 13 E.* Gegeben sei die Differentialgleichung

(1) $$y'' + \frac{a}{x}y' + \frac{b}{x^2}y = 0, \qquad (x > 0),$$

wobei $a, b \in \mathbb{C}$ Konstanten seien.
Man zeige: Eine Funktion $\varphi : \mathbb{R}_+^* \longrightarrow \mathbb{C}$ ist genau dann eine Lösung von (1), wenn die Funktion $\psi : \mathbb{R} \longrightarrow \mathbb{C}$, definiert durch

$$\psi(\xi) := \varphi(e^{\xi}),$$

Lösung der Differentialgleichung

$$y'' + (a-1)y' + by = 0 \tag{2}$$

ist. Man gebe ein Lösungs–Fundamentalsystem von (1) für alle möglichen Parameterwerte $a, b \in \mathbb{C}$ an.

§14. Systeme von linearen Differentialgleichungen mit konstanten Koeffizienten

Aufgabe 14 A.* Man bestimme ein Fundamentalsystem $(\varphi_1, \varphi_2, \varphi_3)$ von Lösungen des Differentialgleichungs–Systems

$$y' = \begin{pmatrix} \lambda & 1 & 0 \\ 0 & \lambda & 1 \\ 0 & 0 & \lambda \end{pmatrix} y, \qquad (\lambda \in \mathbb{C}),$$

mit der Anfangsbedingung $\varphi_k(0) = e_k$, $(k = 1, 2, 3)$, wobei (e_1, e_2, e_3) die kanonische Basis des $\mathbb{C}^3$ bezeichne.

Aufgabe 14 B.* Man bestimme ein Lösungs–Fundamentalsystem der Differentialgleichung

$$y' = \begin{pmatrix} 1 & 1 & 1 \\ 1 & 1 & 1 \\ 1 & 1 & 1 \end{pmatrix} y.$$

Aufgabe 14 C.* Sei $U : \mathbb{R}^2 \longrightarrow \mathbb{R}$ definiert durch

$$U(x_1, x_2) := \tfrac{5}{2}x_1^2 + 2x_1x_2 + 4x_2^2.$$

Man bestimme die allgemeine Lösung der Differentialgleichung

$$\frac{d^2x}{dt^2} = -\operatorname{grad} \mathrm{U}(\mathrm{x}), \qquad \mathrm{x} = \begin{pmatrix} \mathrm{x}_1(\mathrm{t}) \\ \mathrm{x}_2(\mathrm{t}) \end{pmatrix}.$$

Aufgabe 14 D.* Man bestimme die Lösung $\varphi : \mathbb{R} \longrightarrow \mathbb{R}^2$ der Differentialgleichung

$$y' = \begin{pmatrix} 1 & 2 \\ 3 & 6 \end{pmatrix} y + \begin{pmatrix} x \\ \sin x \end{pmatrix}$$

mit der Anfangsbedingung $\varphi(0) = 0$.

Aufgabe 14 E.* Sei $A \in M(n \times n, \mathbb{R})$. Man zeige: A ist genau dann schiefsymmetrisch, wenn für jede Lösung $\varphi : \mathbb{R} \longrightarrow \mathbb{R}^n$ der Differentialgleichung

$$y' = Ay$$

gilt $\|\varphi(x)\| = \text{const.}$, d.h. unabhängig von $x \in \mathbb{R}$.

Aufgabe 14 F.* Man bestimme ein reelles Lösungs–Fundamentalsystem der Differentialgleichung

$$y' = \begin{pmatrix} 0 & -3 & 2 \\ 3 & 0 & -1 \\ -2 & 1 & 0 \end{pmatrix} y.$$

Aufgabe 14 G. Es sei

$$A := \begin{pmatrix} 1 & 1 & 0 & 1 \\ 0 & 2 & 0 & 0 \\ -1 & 1 & 2 & 1 \\ -1 & 1 & 0 & 3 \end{pmatrix}.$$

Man bestimme ein reelles Lösungs–Fundamentalsystem der Differentialgleichung

$$y' = Ay,$$

indem man zunächst die Jordansche Normalform von A berechne.

Teil II

Lösungen

§1. Topologie metrischer Räume

Aufgabe 1 A. Durch δ wird eine Metrik auf $\mathbb{R}$ definiert, denn:

(1) Die arctan–Funktion hat *genau eine* Nullstelle bei $x = 0$ (die arctan–Funktion ist streng monoton wachsend und hat eine Nullstelle bei $x = 0$). Daher gilt für alle $(x, y) \in \mathbb{R}^2$:

$$\delta(x,y) = 0 \Longleftrightarrow \arctan|x-y| = 0 \Longleftrightarrow |x-y| = 0 \Longleftrightarrow x = y.$$

(2) (Symmetrie). Es gilt für alle $(x, y) \in \mathbb{R}^2$:

$$\delta(x,y) = \arctan|x-y| = \arctan|y-x| = \delta(y,x).$$

(3) (Dreiecksungleichung). Zunächst zeigen wir, daß

$$\arctan(x+y) \leq \arctan x + \arctan y \qquad \text{für alle } x,\, y \in \mathbb{R}_+.$$

Man schließt mit Hilfe der Substitution $z := t - x$ folgendermaßen:

$$\begin{aligned}
\arctan(x+y) &= \int_0^{x+y} \frac{1}{1+t^2}\,dt \\
&= \int_0^{x} \frac{1}{1+t^2}\,dt + \int_x^{x+y} \frac{1}{1+t^2}\,dt \\
&= \arctan x + \int_0^{y} \frac{1}{1+(z+x)^2}\,dz \\
&\leq \arctan x + \int_0^{y} \frac{1}{1+z^2}\,dz \\
&= \arctan x + \arctan y.
\end{aligned}$$

Damit ist

$$\begin{aligned}
\delta(x,z) &= \arctan|(x-y)+(y-z)| \\
&\leq \arctan(|x-y|+|y-z|) && \text{(Monotonie)} \\
&\leq \arctan(|x-y| + \arctan|y-z|) \\
&= \delta(x,y) + \delta(y,z).
\end{aligned}$$

für alle x, y, $z \in \mathbb{R}$ bewiesen.

Nun zum Beweis, daß die offenen Mengen bzgl. der Metrik δ dieselben sind, wie bzgl. der üblichen Metrik $d(x,y) = |x-y|$ und umgekehrt.
Mit $\widetilde{B}(\cdot,\cdot)$ bezeichnen wir im folgenden eine offene Kugel bzgl. der Metrik δ und mit $B(\cdot,\cdot)$ eine offene Kugel bzgl. der Metrik d.
Es sei U eine offene Menge bzgl. der Metrik δ und $x \in U$. Dann gibt es ein $\varepsilon_1 \in]0,\pi/2[$ mit $\widetilde{B}(x,\varepsilon_1) \subset U$. Mit $\varepsilon_2 := \tan\varepsilon_1 > 0$ erhalten wir dann

$$\begin{aligned} B(x,\varepsilon_2) &= \{\xi \in \mathbb{R} : |x-\xi| < \tan\varepsilon_1\} \\ &= \{\xi \in \mathbb{R} : \arctan|x-\xi| < \varepsilon_1\} \\ &= \widetilde{B}(x,\varepsilon_1) \subset U, \end{aligned}$$

womit bewiesen ist, daß U auch bzgl. der Metrik d offen ist.
Es sei nun umgekehrt U eine offene Menge bzgl. der Metrik d und $x \in U$. Dann gibt es ein $\varepsilon_1 > 0$ mit $B(x,\varepsilon_1) \subset U$. Wir setzen dann $\varepsilon_2 := \arctan\varepsilon_1 > 0$ und erhalten

$$\begin{aligned} \widetilde{B}(x,\varepsilon_2) &= \{\xi \in \mathbb{R} : \arctan|x-\xi| < \arctan\varepsilon_1\} \\ &= \{\xi \in \mathbb{R} : |x-\xi| < \varepsilon_1\} \\ &= B(x,\varepsilon_1) \subset U. \end{aligned}$$

Folglich ist U auch offen bzgl. der Metrik δ.

Aufgabe 1 D. Wir beweisen nur a) und überlassen b) als Übung für den Leser.
„$\subset$": Es sei $(x,y) \in \overset{\circ}{(A \times B)}$. Dann gibt es ein $\varepsilon_1 > 0$ mit $B((x,y),\varepsilon_1) \subset A \times B$. Setzen wir $\varepsilon_2 := \varepsilon/\sqrt{2}$, so gilt

$$B(x,\varepsilon_1) \times B(y,\varepsilon_2) \subset B((x,y),\varepsilon_1) \subset A \times B,$$

d.h. es ist $(x,y) \in \overset{\circ}{A} \times \overset{\circ}{B}$.
„$\supset$": Ist $(x,y) \in \overset{\circ}{A} \times \overset{\circ}{B}$, so existieren ein $\varepsilon_1 > 0$ und ein $\varepsilon_2 > 0$ mit

$$B(x,\varepsilon_1) \subset A \quad \text{und} \quad B(y,\varepsilon_2) \subset B.$$

Mit $\varepsilon := \min(\varepsilon_1,\varepsilon_2)$ erhalten wir

$$B((x,y),\varepsilon) \subset B(x,\varepsilon_1) \times B(y,\varepsilon_2) \subset A \times B,$$

d.h. es ist $(x,y) \in \overset{\circ}{(A \times B)}$.

Aufgabe 1 E. Es gilt nach Aufgabe 1 D

Bild 1

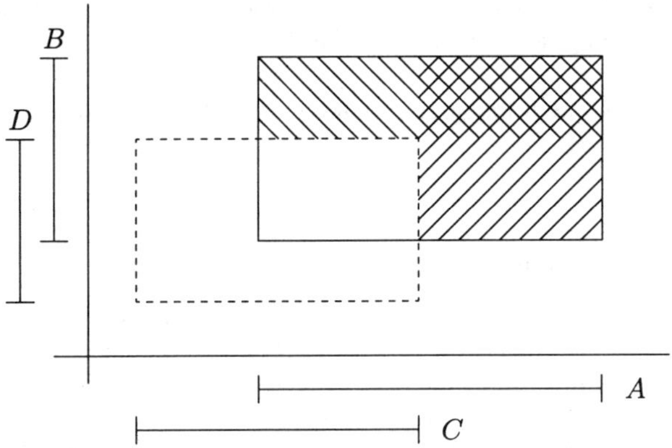

$$\begin{aligned}\partial(A \times B) &= \overline{A \times B} \setminus \overset{\circ}{(A \times B)}\\ &= (\overline{A} \times \overline{B}) \setminus (\overset{\circ}{A} \times \overset{\circ}{B})\\ &= ((\overline{A} \setminus \overset{\circ}{A}) \times \overline{B}) \cup (\overline{A} \times ((\overline{B} \setminus \overset{\circ}{B}))\\ &= (\partial A \times \overline{B}) \cup (\overline{A} \times \partial B),\end{aligned}$$

wobei wir im vorletzten Schritt von der folgenden, einfach zu beweisenden Gleichung aus der Mengenlehre Gebrauch gemacht haben (vgl. auch Bild 1): Sind X und Y Mengen und $A, C \subset X$ bzw. $B, D \subset Y$, so gilt

$$(A \times B) \setminus (C \times D) = ((A \setminus C) \times B) \cup (A \times (B \setminus D)).$$

Aufgabe 1 F. Sei X ein topologischer Raum und es seien $U_0, U_1, \ldots, U_n$, $n \in \mathbb{N}$, abgeschlossene Mengen mit $U_i \subset X$ für alle $i \in \{1, \ldots, n\}$. Dann gilt nach Definition:

$$X \setminus U_0, X \setminus U_1, \ldots, X \setminus U_n \text{ sind offene Mengen.}$$

Da ein Durchschnitt von endlich vielen offenen Mengen wieder offen ist (An. 2, §1, Bemerkung zu Satz 3), ist auch $\bigcap_{i=1}^{n}(X \setminus U_i)$ eine offene Menge und aus den de Morganschen Regeln für Mengen

$$\bigcap_{i=1}^{n}(X \setminus U_i) = X \setminus \bigcup_{i=1}^{n} U_i$$

folgt dann, daß $\bigcup_{i=1}^{n} U_i$ eine abgeschlossene Menge ist.
Analog folgt aus An. 2, §1, Satz 3 c) und den de Morganschen Regeln, daß der Durchschnitt beliebig vieler abgeschlossener Mengen wieder abgeschlossen ist.
Da jeder metrische Raum ein topologischer Raum ist, gilt die Aussage auch, wenn X ein metrischer Raum ist.

Aufgabe 1 G.

a) Aus An. 2, §1, Satz 4 a) folgt

$$Y \cap \partial Y = \emptyset \Longrightarrow Y \setminus \partial Y = Y \Longrightarrow Y \text{ ist offen.}$$

Sei umgekehrt Y offen und wir nehmen an, daß es ein $x \in Y$ mit $x \in \partial Y$ gibt. Dann gilt jedoch $B(x, \varepsilon) \setminus Y \neq \emptyset$ und somit $B(x, \varepsilon) \not\subset Y$ für jedes $\varepsilon > 0$. Dies steht im Widerspruch dazu, daß Y eine offene Menge ist! Also $Y \cap \partial Y = \emptyset$ und damit

$$Y \text{ offen} \Longleftrightarrow Y \cap \partial Y = \emptyset.$$

b) Mit An. 2, §1, Satz 4 b) ergibt sich

$$\partial Y \subset Y \Longrightarrow Y \cup \partial Y = Y \Longrightarrow Y \text{ ist abgeschlossen.}$$

Aus a) folgt

$$\begin{aligned} Y \text{ abgeschlossen} &\Longrightarrow X \setminus Y \text{ offen} \\ &\Longrightarrow (X \setminus Y) \cap \partial(X \setminus Y) = \emptyset \\ &\Longrightarrow (X \setminus Y) \cap \partial Y = \emptyset \\ &\Longrightarrow \partial Y \subset Y. \end{aligned}$$

und damit

$$Y \text{ abgeschlossen} \Longleftrightarrow \partial Y \subset Y.$$

Aufgabe 1 H. Es genügt zu zeigen, daß jede Teilmenge von X offen ist. Dies folgt aber unmittelbar daraus, daß für alle $x \in X$ gilt

$$B\left(x, \tfrac{1}{2}\right) = \{x\}.$$

§2. Grenzwerte. Stetigkeit

Aufgabe 2 A. Nach An. 1, §3, Aufgabe 3.4, gilt für alle $x \in X$

$$\varphi(x) = \frac{1}{2}(f(x) + g(x) + |f(x) - g(x)|),$$

$$\psi(x) = \frac{1}{2}(f(x) + g(x) - |f(x) - g(x)|).$$

Daher folgt die Stetigkeit von φ und ψ unmittelbar aus der Stetigkeit der Betragsfunktion und den Sätzen 5 und 7 aus An. 2, §2.

Aufgabe 2 C. Sei $\varepsilon > 0$ beliebig und $(f_i)_{i\in\mathbb{N}}$ sei eine Cauchy-Folge in $C[a,b]$, dann gilt:

$$\begin{aligned}
& \exists N \in \mathbb{N} \quad \forall k, m \geq N \quad \text{gilt} \quad \|f_k - f_m\| < \frac{\varepsilon}{2} \\
\Longrightarrow \quad & \forall k, m \geq N \quad \text{gilt} \quad \sup\{|(f_k - f_m)(x)| \ : \ x \in [a,b]\} < \frac{\varepsilon}{2} \\
\Longrightarrow \quad & \forall k, m \geq N \quad \forall x \in [a,b] \quad \text{gilt} \quad |f_k(x) - f_m(x)| < \frac{\varepsilon}{2} \\
\Longrightarrow \quad & \exists f \in C[a,b] \quad \forall k \geq N \quad \forall x \in [a,b] \quad \text{gilt} \quad |f_k(x) - f(x)| < \varepsilon,
\end{aligned}$$

- Die Existenz einer Funktion $f : [a,b] \longrightarrow \mathbb{R}$ mit $f(x) = \lim\limits_{k\to\infty} f_k(x)$ für alle $x \in [a,b]$ folgt aus dem Vollständigkeitsaxiom von $\mathbb{R}$.

- Die Stetigkeit von f folgt aus An. 1, §21, Satz 1, denn da für alle $x \in [a,b]$ und alle $k \geq N$ gilt

  $$|f_k(x) - f(x)| = \lim_{m\to\infty} |f_k(x) - f_m(x)| \leq \frac{\varepsilon}{2} < \varepsilon,$$

  ist (f_k) eine gleichmäßig konvergente Folge stetiger Funktionen, und damit ist die Grenzfunktion f stetig.

Dann ist auch

$$\sup\{|(f_k(x) - f(x)| \ : \ x \in [a,b]\} < \varepsilon \qquad \text{für alle } k \geq N,$$

denn $(f_k - f)$ ist stetig als Summe stetiger Funktionen, und nach An. 1, §11, Satz 2 nimmt $(f_k - f)$ daher auf $[a,b]$ Minimum und Maximum an, also wird auch das Supremum angenommen. Damit gilt

$$\|f_k - f\| < \varepsilon \qquad \text{für alle } k \geq N,$$

und deshalb ist (f_k) konvergent bzgl. $\| \, \|$.

Aufgabe 2 D.

a) Es sei $\varepsilon > 0$ beliebig und $(f_n)_{n\in\mathbb{N}}$ sei eine Cauchy–Folge in $C^1[a, b]$, dann gibt es ein $N \in \mathbb{N}$, so daß für alle $n, m \geq N$ gilt:

$$\begin{aligned} & \|f_n - f_m\|_{C^1} < \varepsilon \\ \Longrightarrow\; & \sup\{|f_n(x) - f_m(x)| + |f'_n(x) - f'_m(x)| \;:\; x \in [a, b]\} < \varepsilon \\ \Longrightarrow\; & \begin{cases} \|f_n - f_m\| = \sup\{|f_n(x) - f_m(x)| \;:\; x \in [a, b]\} < \varepsilon, \\ \|f'_n - f'_m\| = \sup\{|f'_n(x) - f'_m(x)| \;:\; x \in [a, b]\} < \varepsilon. \end{cases} \end{aligned}$$

Somit sind (f_n) und (f'_n) Cauchy–Folgen in $(C[a, b], \| \, \|)$, die nach Aufgabe 2 C konvergieren. Also gibt es $f, g \in C[a, b]$ mit

$$\begin{cases} (f_n) \text{ konvergiert gegen } f \text{ bzgl. } \| \, \|, \\ (f'_n) \text{ konvergiert gegen } g \text{ bzgl. } \| \, \|. \end{cases}$$

Da (f_n) bzw. (f'_n) gleichmäßig gegen f bzw. g konvergieren, ist f nach An. 1, §21, Satz 5, differenzierbar und es gilt $f' = g$ (also $f \in C^1[a, b]$). Damit gibt es ein $\widetilde{N} \in \mathbb{N}$ mit

$$\begin{cases} \|f_n - f\| < \dfrac{\varepsilon}{2} & \text{für alle } n \geq \widetilde{N}, \\ \|f'_n - f'\| < \dfrac{\varepsilon}{2} & \text{für alle } n \geq \widetilde{N}. \end{cases}$$

Nun gilt weiter für alle $n \geq \widetilde{N}$:

$$\begin{aligned} \|f - f_n\|_{C^1} &= \sup\{|(f - f_n)(x)| + |(f' - f'_n)(x)| \;:\; x \in [a, b]\} \\ &\leq \|f_n - f\| + \|f'_n - f'\| < \varepsilon, \end{aligned}$$

und damit konvergiert (f_n) gegen f bzgl. $\| \, \|_{C^1}$.

b) Es folgt unmittelbar aus den Ableitungsregeln, daß D eine lineare Abbildung ist. Damit ist nach An. 2, §2, Satz 10, nur zu zeigen: Es gibt ein $C \in \mathbb{R}_+$, so daß

$$\|D(f)\| \leq C\|f\|_{C^1} \qquad \text{für alle } f \in C^1[a, b].$$

Da aber für alle $f \in C^1[a,b]$

$$\begin{aligned} \|D(f)\| &= \sup\{|f'(x)| : x \in [a,b]\} \\ &\leq \sup\{|f(x)| + |f'(x)| : x \in [a,b]\} = 1 \cdot \|f\|_{C^1}, \end{aligned}$$

ist D stetig.

Aufgabe 2 F.

I) *Existenz.* Da f eine Abbildung von A in A ist, ist (x_n) eine Folge aus A. Außerdem erhält man durch einen sehr leichten Induktionsbeweis (unter Verwendung der Voraussetzung, daß $\|f(x), f(y)\| \leq \theta \|x, y\|$ für alle $x, y \in A$ gilt)

$$\|x_{n+1}, x_n\| \leq \theta^n \|x_1, x_0\| \qquad \text{für alle } n \in \mathbb{N}.$$

Nun läßt sich zeigen, daß (x_n) eine Cauchy-Folge ist. Dazu sei $\varepsilon > 0$ beliebig gegeben, dann gibt es ein $N \in \mathbb{N}$, so daß für alle $n, m \geq N$ gilt

$$\begin{aligned} \|x_n, x_m\| &\leq \sum_{i=m}^{n-1} \|x_{i+1}, x_i\| \\ &\quad \text{(mehrmalige Anwendung der Dreiecksungleichung)} \\ &\leq \sum_{i=m}^{n-1} \theta^i \|x_1, x_0\| \\ &= \|x_1, x_0\| \sum_{i=m}^{n-1} \theta^i \\ &= \|x_1, x_0\| \left(\sum_{i=0}^{n-1} \theta^i - \sum_{i=0}^{m-1} \theta^i \right) \\ &= \|x_1, x_0\| \left(\frac{1-\theta^n}{1-\theta} - \frac{1-\theta^m}{1-\theta} \right) \\ &\quad \text{(nach An. 1, §1, Satz 6, da } \theta \neq 1\text{)} \\ &= \frac{\|x_1, x_0\|}{1-\theta} (\theta^m - \theta^n) \\ &\leq \underbrace{\frac{\|x_1, x_0\|}{1-\theta}}_{\text{konstant} \in \mathbb{R}_+} \theta^m \\ &< \varepsilon \end{aligned}$$

(denn $\theta \in [0,1[$, und o.B.d.A. sei $n \geq m$). Da X vollständig ist, konvergiert (x_n) gegen ein $a \in X$, und da A eine abgeschlossene Menge ist, liegt nach An. 2, §2, Satz 2, der Punkt a in A. Da f trivialerweise stetig ist (folgt unmittelbar aus dem ε–δ–Kriterium, da $\|f(x), f(y)\| \leq \theta\,\|x, y\|$ für alle $x, y \in A$), gilt:

$$a = \lim_{n\to\infty} x_{n+1} = \lim_{n\to\infty} f(x_n) = f\left(\lim_{n\to\infty} x_n\right) = f(a).$$

II) *Eindeutigkeit.* Sei $b \in A$ ein weiterer Punkt mit $f(b) = b$, dann gilt:

$$\|b, a\| = \|f(b), f(a)\| \leq \theta\,\|b, a\|.$$

Da $\theta \in [0,1[$ muß $\|b, a\| = 0$ gelten, also $a = b$.

§3. Kompaktheit

Aufgabe 3 B. Es sei X ein metrischer Raum und $A_0, \ldots, A_n$ $(n \in \mathbb{N})$ seien kompakte Teilmengen von X. Weiter sei $A := \bigcup\limits_{i=0}^{n} A_i$ und $(U_i)_{i\in I}$ eine offene Überdeckung von A. Da

$$A \subset \bigcup_{i\in I} U_i \Longrightarrow A_i \subset \bigcup_{i\in I} U_i \qquad \text{für alle } i \in \{0,\ldots,n\}$$

ist $(U_i)_{i\in I}$ eine offene Überdeckung für jede Menge A_i $(i = 0,\ldots,n)$. Da nach Voraussetzung alle A_i kompakt sind, gilt:

$$\forall i \in \{0,\ldots,n\} \quad \exists M_i \subset I \quad \text{mit} \quad |M_i| < \infty \text{ und } A_i \subset \bigcup_{j\in M_i} U_j.$$

Da nun

$$A = \bigcup_{i=0}^{n} A_i \subset \bigcup_{i=0}^{n} \bigcup_{j\in M_i} U_j = \bigcup_{j\in \bigcup\limits_{i=0}^{n} M_i} U_j$$

und $|M_i| < \infty$ für alle $i \in \{0,\ldots,n\}$, ist auch $\left|\bigcup\limits_{i=0}^{n} M_i\right| < \infty$. Also ist A kompakt.

Bemerkung. Man beachte, daß die Vereinigung beliebig vieler kompakter Teilmengen eines metrischen Raumes i.a. nicht wieder kompakt zu sein braucht. Beispiel: $X = \mathbb{R}$, $A_n := [0, 1 - 1/n]$, $n \geq 1$. Dann ist A_n für jedes $n \geq 1$ kompakt, aber

$$\bigcup_{n=1}^{\infty} A_n = \bigcup_{n=1}^{\infty} [0, 1 - \tfrac{1}{n}] = [0, 1[$$

ist nicht kompakt.

Aufgabe 3 D. Sei $A \subset \mathbb{R}^n$ beliebig und zu jeder Folge $(x_i)_{i \in \mathbb{N}}$ von Punkten $x_i \in A$ gebe es eine Teilfolge $(x_{i_k})_{k \in \mathbb{N}}$, die gegen einen Punkt $a \in A$ konvergiert.
Nach dem Satz von Heine-Borel ist dann zu zeigen:

(1) A ist abgeschlossen.

(2) A ist beschränkt.

zu (1) : Sei $(x_k)_{k \in \mathbb{N}}$ eine Folge mit $x_k \in A$, die gegen $x \in \mathbb{R}^n$ konvergiere. Da dann auch jede Teilfolge von (x_k) gegen x konvergiert, gilt nach Voraussetzung $x \in A$. Nach An. 2, §2, Satz 2, ist A dann abgeschlossen.

zu (2) : *Annahme*, A ist nicht beschränkt.
Dann gibt es zu jeder natürlichen Zahl $n \in \mathbb{N}$ einen Punkt $x_n \in A$ mit $\|x_n\| > n$. Nach Voraussetzung existiert eine konvergente Teilfolge (x_{n_k}). Diese ist nach An. 2, §3, Corollar zu Satz 3, beschränkt. Da aber $\|x_{n_k}\| > n_k$, ist dies ein Widerspruch. Also ist A doch beschränkt.

Aufgabe 3 E. Es seien K und L kompakte Teilmengen des $\mathbb{R}^n$. Nach Aufgabe 3 D ist nur zu zeigen, daß jede Folge $(x_i)_{i \in \mathbb{N}}$ aus $K + L$ eine Teilfolge $(x_{i_k})_{k \in \mathbb{N}}$ besitzt, die gegen ein $c \in K + L$ konvergiert.
Sei also $(x_i)_{i \in \mathbb{N}}$ eine beliebige Folge aus $K + L$, dann läßt sich jedes x_i folgendermaßen darstellen

$$x_i = a_i + b_i, \qquad \text{wobei } a_i \in K \text{ und } b_i \in L.$$

Dann ist $(a_i)_{i \in \mathbb{N}}$ eine Folge aus K und $(b_i)_{i \in \mathbb{N}}$ eine Folge aus L. Da K kompakt ist, gibt es nach An. 2, §3, Satz 8, eine Teilfolge $(a_{i_k})_{k \in \mathbb{N}}$ von (a_i), die gegen ein $a \in K$ konvergiert. Nun ist auch $(b_{i_k})_{k \in \mathbb{N}}$ eine Folge aus L, und da L kompakt ist, gibt es eine Teilfolge $(b_{i_{k_l}})_{l \in \mathbb{N}}$ von (b_{i_k}), die gegen ein $b \in L$ konvergiert. Also:

(1) $(b_{i_{k_l}})$ ist eine Teilfolge von (b_i), die gegen ein $b \in L$ konvergiert.

(2) (a_{i_k}) ist eine Teilfolge von (a_i), die gegen ein $a \in K$ konvergiert, und damit ist auch $(a_{i_{k_l}})$ eine Teilfolge von (a_i), die gegen a konvergiert.

Für die Teilfolge $(x_{i_{k_l}})_{l\in\mathbb{N}} = (a_{i_{k_l}} + b_{i_{k_l}})_{l\in\mathbb{N}}$ von (x_i) gilt dann nach den Grenzwertsätzen

$$\lim_{l\to\infty} x_{i_{k_l}} = \lim_{l\to\infty} \left(a_{i_{k_l}} + b_{i_{k_l}}\right) = \lim_{l\to\infty} a_{i_{k_l}} + \lim_{l\to\infty} b_{i_{k_l}} = a + b \in A + B.$$

Damit ist $K + L$ nach Aufgabe 3 D kompakt.

Aufgabe 3 G. (Vgl. An. 3, §15, Hilfssatz zu Satz 3.)
Da $(U_i)_{i\in I}$ eine offene Überdeckung von K ist, gilt:

$$\forall k \in K \quad \exists r_k > 0 \quad \exists i_k \in I \quad \text{mit} \quad B(k, r_k) \subset U_{i_k}.$$

Dann ist $(B(k, \frac{r_k}{2}))_{k\in K}$ eine offene Überdeckung von K, und da K kompakt ist, gibt es eine endliche Teilüberdeckung, d.h. es gibt $k_0, \ldots, k_n \in K$, $n \in \mathbb{N}$, so daß

$$K \subset \bigcup_{\nu=0}^{n} B\left(k_\nu, \frac{r_{k_\nu}}{2}\right).$$

Setze nun

$$\lambda := \min\left\{\frac{r_{k_1}}{2}, \ldots, \frac{r_{k_n}}{2}\right\},$$

dann gilt für alle $A \subset K$ mit $\operatorname{diam}(A) \leq \lambda$:

I.) Ist $A = \emptyset$, so gilt trivialerweise $A \subset U_i$ für alle $i \in I$.

II.) Ist $A \neq \emptyset$, dann wähle ein $a \in A$ beliebig. Dann gibt es ein $i \in \{0, \ldots, n\}$ mit

$$a \in B\left(k_i, \frac{r_{k_i}}{2}\right) \subset B(k_i, r_{k_i}) \subset U_{k_i}.$$

Wegen $\operatorname{diam}(A) \leq \frac{r_{k_i}}{2}$ folgt offenbar

$$A \subset B(k_i, r_{k_i}) \subset U_{k_i},$$

womit die Behauptung bewiesen ist.

Aufgabe 3 H. Es sei X ein kompakter metrischer Raum, dann ist zu zeigen, daß jede Cauchy–Folge aus X konvergiert. Sei $\varepsilon > 0$ beliebig und $(x_k)_{k\in\mathbb{N}}$ eine Cauchy-Folge in X. Dann gibt es ein $N_1 \in \mathbb{N}$, so daß für alle k, $m \in \mathbb{N}$ mit $k, m \geq N_1$ gilt

$$\|x_k, x_m\| < \frac{\varepsilon}{2}.$$

Nach An. 2, §3, Satz 8, (Satz von Bolzano–Weierstrass) gibt es eine konvergente Teilfolge $(x_{k_n})_{n\in\mathbb{N}}$ von (x_k) mit einem Grenzwert $a \in X$. Daher gibt es ein $N_2 \in \mathbb{N}$, so daß für alle $n \geq N_2$ gilt

$$\|x_{k_n}, a\| < \frac{\varepsilon}{2}.$$

Nun gilt für alle $n \geq N_1$:

$$\|x_n, a\| \leq \|x_n, x_{k_M}\| + \|x_{k_M}, a\| < \frac{\varepsilon}{2} + \frac{\varepsilon}{2} = \varepsilon,$$

wobei $M \geq \max(N_1, N_2)$ beliebig. Also kovergiert (x_n) gegen $a \in X$.

Aufgabe 3 J. Da $x \in X \setminus A$ ist nur zu zeigen:

$$\forall \varepsilon > 0 \quad \exists y \in A \quad \text{mit} \quad y \in B(x, \varepsilon).$$

Annahme: Es existiert ein $\varepsilon' > 0$, so daß für alle $y \in A$ gilt $y \notin B(x, \varepsilon')$.
Doch dann ist $d(x, y) \geq \varepsilon'$ für alle $y \in A$ und somit

$$\mathrm{dist(x, A) = inf\{d(x, y) \ : \ y \in A\}} \geq \varepsilon' > 0.$$

Widerspruch, da dist(x, A) = 0 nach Voraussetzung!

Aufgabe 3 K. Sei $\varepsilon > 0$ und $(a, b) \in I \times J$ beliebig. Da f stetig ist, existiert nach An. 2, §2, Satz 8, ein $\delta > 0$, so daß für alle $(x, y) \in I \times J$ mit $\|(x, y) - (a, b)\| < \delta$ gilt $|f(x, y) - f(a, b)| < \varepsilon$.
Weiter gibt es zu jedem $x \in I$ ein $y_x \in J$ mit $f(x, y_x) = \sup\{f(x, y) \ : \ y \in J\}$, da J kompakt und f stetig ist (An. 2, §3, Satz 7). Dann gilt für alle $x \in I$ mit $|x - a| < \delta$:

$$\begin{aligned} |F(x) - F(a)| &= |\sup\{f(x, y) \ : \ y \in J\} - \sup\{f(a, y) \ : \ y \in J\}| \\ &= |f(x, y_x) - f(a, y_a)| < \varepsilon, \end{aligned}$$

denn: *Annahme:* Es gilt $|f(x, y_x) - f(a, y_a)| \geq \varepsilon$ für ein $x \in I$ mit $|x - a| < \delta$.

I) $f(x, y_x) - f(a, y_a) \geq \varepsilon \iff f(x, y_x) \geq \varepsilon + f(a, y_a)$.
Da $\|(x, y_x) - (a, y_x)\| = |x - a|$ gilt $|f(x, y_x) - f(a, y_x)| < \varepsilon$ und somit $f(a, y_x) > f(a, y_a)$. Widerspruch, da $f(a, y_a) = \sup\{f(a, y) \;:\; y \in J\}$ und $y_x \in J$.

II) $-(f(x, y_x) - f(a, y_a)) \geq \varepsilon \iff f(a, y_a) \geq \varepsilon + f(x, y_x)$.
Da $\|(x, y_a) - (a, y_a)\| = |x - a|$ gilt $|f(a, y_a) - f(x, y_a)| < \varepsilon$ und somit $f(x, y_a) > f(x, y_x)$, was wie im Fall I) zu einem Widerspruch führt.

Damit ist F nach dem ε–δ–Kriterium in $a \in I$ stetig, und da $a \in I$ beliebig vorausgesetzt war, folgt die Behauptung.

§4. Kurven im $\mathbb{R}^n$

Aufgabe 4 A. Die Kurve f ist trivialerweise stetig differenzierbar, daher erhält man für die Bogenlänge L der Kurve f nach An. 2, §4, Satz 1:

$$\begin{aligned} L &= \int_a^b \|f'(t)\|\, dt \\ &= \int_a^b \|(-r\sin t, r\cos t, c)\|\, dt \\ &= \int_a^b \sqrt{r^2\sin^2 t + r^2\cos^2 t + c^2}\, dt \\ &= \int_a^b \sqrt{r^2 + c^2}\, dt \\ &= (b-a)\sqrt{r^2 + c^2}. \end{aligned}$$

Aufgabe 4 B.

a) Bild 2 zeigt eine Skizze von f für $c = \frac{1}{2\pi}$ im Bereich $-2\pi \leq t \leq 2\pi$.

b) f ist eine stetig differenzierbare Kurve mit

$$f'(t) = (ce^{ct}\cos t - e^{ct}\sin t, ce^{ct}\sin t + e^{ct}\cos t) \qquad \text{für alle } t \in \mathbb{R}.$$

Bild 2

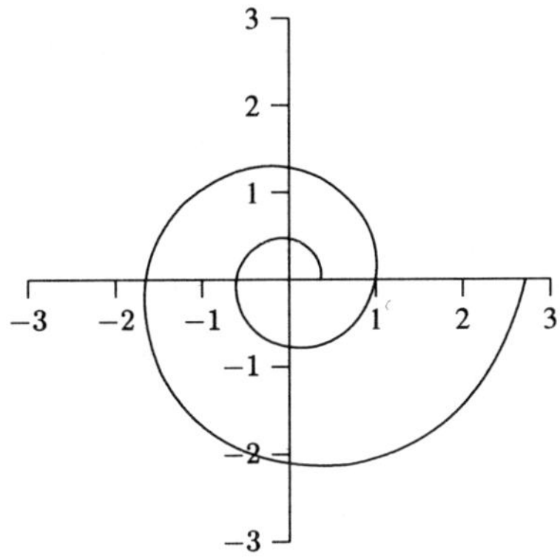

Daher gilt nach An. 2, §4, Satz 1:

$$\begin{aligned}
L_{a,b} &= \int_a^b \|f'(t)\|\,dt \\
&= \int_a^b \sqrt{(ce^{ct}\cos t - e^{ct}\sin t)^2 + (ce^{ct}\sin t + e^{ct}\cos t)^2}\,dt \\
&= \int_a^b \sqrt{e^{2ct}((c\cos t - \sin t)^2 + (c\sin t + \cos t)^2)}\,dt \\
&= \int_a^b e^{ct}\sqrt{c^2+1}\,dt \\
&= \sqrt{c^2+1}\cdot\frac{1}{c}e^{ct}\Big|_a^b \\
&= \frac{\sqrt{c^2+1}}{c}(e^{cb}-e^{ca}).
\end{aligned}$$

c) Nach b) erhält man $L_{a,0} = \frac{\sqrt{c^2+1}}{c}(1-e^{ca})$. Also gilt:

Für $c > 0$ ist $\lim\limits_{a \to -\infty} e^{ca} = 0$, also $\lim\limits_{a \to -\infty} L_{a,0} = \frac{\sqrt{c^2+1}}{c}$.
Für $c < 0$ existiert der Grenzwert nicht.

d) Ein Kreis K_r vom Radius r um den Nullpunkt hat nach An. 2, §4, Beispiel (4.1) die Darstellung

$$K_r : [0, 2\pi[\longrightarrow \mathbb{R}^2, \qquad K_r(t) := (r \cos t, r \sin t).$$

Nun ist zu zeigen, daß es für jedes $r > 0$ genau ein $t_1 \in [0, 2\pi[$ und genau ein $t_2 \in \mathbb{R}$ mit $K_r(t_1) = f(t_2)$ gibt. Es gilt:

$$\begin{aligned}
& K_r(t_1) = f(t_2) \\
\iff & (r \cos t_1, r \sin t_1) = (e^{ct_2} \cos t_2, e^{ct_2} \sin t_2) \\
\iff & \left\{ \begin{aligned} r \cos t_1 &= e^{ct_2} \cos t_2 \\ r \sin t_1 &= e^{ct_2} \sin t_2 \end{aligned} \right. \\
\implies & (r \cos t_1)^2 + (r \sin t_1)^2 = (e^{ct_2} \cos t_2)^2 + (e^{ct_2} \sin t_2)^2 \\
\implies & r^2 = e^{2ct_2} \\
\implies & t_2 = \frac{1}{2c} \ln r^2 = \frac{1}{c} \ln r
\end{aligned}$$

Durch Einsetzen in die obige Gleichung erhält man

$$\cos t_1 = \cos t_2, \qquad \sin t_1 = \sin t_2$$

d.h. für t_1 muß gelten:

$$t_1 = \begin{cases} t_2 \bmod 2\pi, & \text{falls } t_2 \geq 0 \\ ((t_2 \bmod 2\pi) + 2\pi) \bmod 2\pi, & \text{falls } t_2 < 0 \end{cases}$$

(die mod-Funktion ist dabei für reelle Zahlen wie folgt zu verstehen:

$$x \bmod 2\pi := \begin{cases} x - \text{entier}\left(\frac{x}{2\pi}\right) \cdot 2\pi, & \text{falls } x \geq 0 \\ -\left((-x) \bmod 2\pi\right), & \text{falls } x < 0 \end{cases}$$

für alle $x \in \mathbb{R}$).
Eine leichte Probe zeigt, daß sie oben berechneten Werte für t_1, t_2 tatsächlich $K_r(t_1) = f(t_2)$ erfüllen.

Für den Cosinus des Schnittwinkels γ erhält man dann

$$\begin{aligned}\cos\gamma &= \frac{\langle f'(t_2), K_r'(t_1)\rangle}{\|f'(t_2)\|\cdot\|K_r'(t_1)\|}\\ &= \frac{1}{\sqrt{c^2+1}}.\end{aligned}$$

Hieraus folgt insbesondere, daß γ unabhängig vom Radius des Kreises ist.

Aufgabe 4 D.

a) Für alle $k \in [0,1]$ und alle $a \in]0,1[$ gilt:

$$\begin{aligned}&\int_0^a \frac{\sqrt{1-k^2t^2}}{\sqrt{1-t^2}}\,dt && \text{(Substitution: } t=\sin z)\\ =&\int_0^{\arcsin a} \frac{\sqrt{1-k^2\sin^2 z}}{\sqrt{1-\sin^2 z}}\cos z\,dz\\ =&\int_0^{\arcsin a} \frac{\sqrt{1-k^2\sin^2 z}}{\sqrt{\cos^2 z}}\cos z\,dz && \text{(da } \sin^2 z+\cos^2 z=1)\\ =&\int_0^{\arcsin a} \sqrt{1-k^2\sin^2 z}\,dz && \text{(da } \cos z>0 \text{ in } [0,\arcsin a]).\end{aligned}$$

Wegen der Stetigkeit der arcsin–Funktion gilt

$$\lim_{a\to 1}\int_0^{\arcsin a}\sqrt{1-k^2\sin^2 z}\,dz = \int_0^{\frac{\pi}{2}}\sqrt{1-k^2\sin^2 z}\,dz.$$

Die Funktion $z \longmapsto \sqrt{1-k^2\sin^2 z}$ ist in $\left[0,\frac{\pi}{2}\right]$ stetig, daher existiert nach An. 1, §18, Satz 4, das Integral

$$\int_0^{\frac{\pi}{2}}\sqrt{1-k^2\sin^2 z}\,dz$$

und damit auch für alle $k \in [0,1]$ das uneigentliche Integral

$$\int_0^1 \frac{\sqrt{1-k^2t^2}}{\sqrt{1-t^2}}\,dt,$$

und es gilt

$$E(k) = \int_0^{\frac{\pi}{2}} \sqrt{1 - k^2 \sin^2 z}\, dz.$$

b) Da f eine stetig differenzierbare Kurve ist gilt für die Bogenlänge L der Kurve f nach An. 2, §4, Satz 1:

$$\begin{aligned}
L &= \int_0^{2\pi} \|f'(t)\|\, dt \\
&= \int_0^{2\pi} \|(-a \sin t, b \cos t)\|\, dt \\
&= \int_0^{2\pi} \sqrt{a^2 \sin^2 t + b^2 \cos^2 t}\, dt \\
&= b \int_0^{2\pi} \sqrt{\frac{a^2}{b^2} \sin^2 t + \cos^2 t}\, dt \\
&= b \int_0^{2\pi} \sqrt{1 - \left(1 - \frac{a^2}{b^2}\right) \sin^2 t}\, dt \\
&= 4b \int_0^{\frac{\pi}{2}} \sqrt{1 - \left(1 - \frac{a^2}{b^2}\right) \sin^2 t}\, dt \\
& \text{(nach An. 1, §14, Satz 1 und Corollar 1)} \\
&\overset{\text{a)}}{=} 4b \cdot E\left(\sqrt{1 - \frac{a^2}{b^2}}\right),
\end{aligned}$$

falls $a^2 \leq b^2$. Analog erhält man, falls $a^2 > b^2$:

$$L = 4a \int_0^{\frac{\pi}{2}} \sqrt{1 - \left(1 - \frac{b^2}{a^2}\right) \cos^2 t}\, dt$$

$$= \quad 4a \int_0^1 \frac{\sqrt{1 - \left(1 - \frac{b^2}{a^2}\right) z^2}}{\sqrt{1 - z^2}} \, dz$$

(Substitution: $z = \cos t$)

$$= \quad 4a \cdot E\left(\sqrt{1 - \frac{b^2}{a^2}}\right),$$

also

$$L = \begin{cases} 4b \cdot E\left(\sqrt{1 - \frac{a^2}{b^2}}\right), & \text{falls } a^2 \leq b^2, \\ 4a \cdot E\left(\sqrt{1 - \frac{b^2}{a^2}}\right), & \text{falls } a^2 > b^2. \end{cases}$$

§5. Partielle Ableitungen

Aufgabe 5 A. f ist für alle $(x, y) \in \mathbb{R}^2$ einmal partiell differenzierbar und man erhält für die partiellen Ableitungen:

$$\frac{\partial f}{\partial x}(x, y) = \begin{cases} \dfrac{2xy}{\sqrt{2x^2 + y^2}}, & \text{falls } (x, y) \neq (0, 0), \\ 0, & \text{falls } (x, y) = (0, 0), \end{cases}$$

$$\frac{\partial f}{\partial y}(x, y) = \begin{cases} \dfrac{2(x^2 + y^2)}{\sqrt{2x^2 + y^2}}, & \text{falls } (x, y) \neq (0, 0), \\ 0, & \text{falls } (x, y) = (0, 0). \end{cases}$$

Aufgabe 5 B. Für $(x, y) \neq (0, 0)$ erhält man mit der Quotientenregel:

$$\frac{\partial F}{\partial x}(x, y) = \frac{x^4 y + 4x^2 y^3 - y^5}{(x^2 + y^2)^2},$$

$$\frac{\partial F}{\partial y}(x, y) = \frac{x^5 - 4x^3 y^2 - x y^4}{(x^2 + y^2)^2}.$$

Auch in $(0, 0)$ ist f partiell differenzierbar, und es gilt

$$\frac{\partial F}{\partial x}(0,0) = \lim_{h\to 0} \frac{1}{h} F(h,0) = \lim_{h\to 0} 0 = 0,$$

sowie analog

$$\frac{\partial F}{\partial y}(0,0) = 0.$$

Also:

$$D_1F(x,y) = \begin{cases} \dfrac{x^4y + 4x^2y^3 - y^5}{(x^2+y^2)^2}, & \text{falls } (x,y) \neq (0,0), \\ 0, & \text{falls } (x,y) = (0,0), \end{cases}$$

$$D_2F(x,y) = \begin{cases} \dfrac{x^5 - 4x^3y^2 - xy^4}{(x^2+y^2)^2}, & \text{falls } (x,y) \neq (0,0), \\ 0, & \text{falls } (x,y) = (0,0), \end{cases}$$

$$D_1D_2F(0,0) = \lim_{h\to 0}\left(\frac{1}{h} \cdot \frac{h^5 - 4h^3 0^2 - h0^4}{(h^2+0^2)^2}\right) = 1,$$

$$D_2D_1F(0,0) = \lim_{h\to 0}\left(\frac{1}{h} \cdot \frac{0^4 h + 4 0^2 h^3 - h^5}{(0^2+h^2)^2}\right) = -1.$$

Damit ist $D_1D_2F(0,0) \neq D_2D_1F(0,0)$. f ist in $(0,0)$ stetig, denn da

$$\frac{x^2-y^2}{x^2+y^2} \leq \frac{x^2}{x^2+y^2} \leq \frac{x^2}{x^2+0^2} = 1, \qquad \text{falls } x \neq 0,$$

$$\frac{y^2-x^2}{x^2+y^2} \leq \frac{y^2}{x^2+y^2} \leq \frac{y^2}{0^2+y^2} = 1, \qquad \text{falls } y \neq 0,$$

gilt

$$|F(x,y)| \leq |xy| \qquad \text{für alle } (x,y) \in \mathbb{R}^2$$

und mit

$$\lim_{(x,y)\to(0,0)} |xy| = 0$$

folgt die Stetigkeit von f in $(0,0)$.

Aufgabe 5 C. Man erhält mit An. 2, §5, Satz 1:

$$\begin{aligned}
& \operatorname{div}(\operatorname{rot} \mathrm{v}) \\
= \; & \operatorname{div}\left(\frac{\partial \mathrm{v}_3}{\partial \mathrm{x}_2}-\frac{\partial \mathrm{v}_2}{\partial \mathrm{x}_3}, \frac{\partial \mathrm{v}_1}{\partial \mathrm{x}_3}-\frac{\partial \mathrm{v}_3}{\partial \mathrm{x}_1}, \frac{\partial \mathrm{v}_2}{\partial \mathrm{x}_1}-\frac{\partial \mathrm{v}_1}{\partial \mathrm{x}_2}\right) \\
= \; & \frac{\partial}{\partial x_1}\left(\frac{\partial v_3}{\partial x_2}-\frac{\partial v_2}{\partial x_3}\right)+\frac{\partial}{\partial x_2}\left(\frac{\partial v_1}{\partial x_3}-\frac{\partial v_3}{\partial x_1}\right)+\frac{\partial}{\partial x_3}\left(\frac{\partial v_2}{\partial x_1}-\frac{\partial v_1}{\partial x_2}\right) \\
= \; & 0.
\end{aligned}$$

Aufgabe 5 E. Es folgt unmittelbar aus An. 2, §5, Beispiel (5.5) und der Bemerkung zur Definition der Divergenz eines Vektorfeldes:

$$\begin{aligned}
\Delta(fg) &= \operatorname{div}\nabla(\mathrm{fg}) \\
&= \operatorname{div}(\mathrm{g}\nabla \mathrm{f}+\mathrm{f}\nabla \mathrm{g}) \\
&= \operatorname{div}(\mathrm{g}\nabla \mathrm{f})+\operatorname{div}(\mathrm{f}\nabla \mathrm{g}) \\
&= \langle \nabla g, \nabla f\rangle + g\cdot \operatorname{div}(\nabla \mathrm{f}) + \langle \nabla \mathrm{f}, \nabla \mathrm{g}\rangle + \mathrm{f}\cdot\operatorname{div}(\nabla \mathrm{g}) \\
&= f\Delta g + 2\langle \nabla f, \nabla g\rangle + g\Delta f.
\end{aligned}$$

Aufgabe 5 F. Unter Verwendung der Produkt– und Kettenregel schließt man folgendermaßen:

$$\begin{aligned}
\Delta F(x,t) &= \sum_{i=1}^{n} \frac{\partial^2 F}{\partial x_i^2}(x,t) \\
&= \sum_{i=1}^{n} \frac{\partial}{\partial x_i^2} \underbrace{\left(t^{-n/2}\exp\left(-\sum_{j=1}^{n} x_j^2\cdot\frac{1}{4t}\right)\right)}_{=F(x,t)} \\
&= \sum_{i=1}^{n} \frac{\partial}{\partial x_i}\left(F(x,t)\cdot\frac{-x_i}{2t}\right) \\
&= \sum_{i=1}^{n}\left(F(x,t)\left(\frac{-x_i}{2t}\right)^2 + F(x,t)\cdot\frac{-1}{2t}\right) \\
&= \sum_{i=1}^{n} F(x,t)\left(\frac{x_i^2}{4t^2}-\frac{1}{2t}\right) \\
&= F(x,t)\left(\frac{1}{4t^2}\left\|x\right\|^2-\frac{n}{2t}\right),
\end{aligned}$$

$$\begin{aligned}
\frac{\partial F}{\partial t}(x,t) &= \frac{\partial}{\partial t}\underbrace{\left(t^{-n/2}\exp\left(-\sum_{j=1}^{n} x_j^2\cdot\frac{1}{4t}\right)\right)}_{=F(x,t)}\\
&= \frac{-n}{2t}F(x,t)+\frac{1}{4t^2}\|x\|^2F(x,t)\\
&= F(x,t)\left(\frac{1}{4t^2}\|x\|^2-\frac{n}{2t}\right)\\
&= \Delta F(x,t),
\end{aligned}$$

also

$$\Delta F-\frac{\partial F}{\partial t}=0.$$

Aufgabe 5 G. Setzen wir $k=(k_1,\ldots,k_n)$, so lautet F ausgeschrieben

$$F(x,t)=f(\langle k,x\rangle-\omega t)=f(\langle k,x\rangle-\|k\|ct)=f\left(\sum_{\nu=1}^{n}k_\nu x_\nu-\|k\|ct\right).$$

Für $i=1,\ldots,n$ gilt nach der Kettenregel:

$$\frac{\partial F}{\partial x_i}(x,t)=f'(\langle k,x\rangle-\|k\|ct)\cdot k_i,$$

$$\frac{\partial^2 F}{\partial x_i^2}(x,t)=f''(\langle k,x\rangle-\|k\|ct)\cdot k_i^2.$$

Damit ist

$$\begin{aligned}
\Delta F(x,t)&=\sum_{i=1}^{n}\frac{\partial^2 F}{\partial x_i^2}(x,t)=f''(\langle k,x\rangle-\|k\|ct)\sum_{i=1}^{n}k_i^2\\
&=\|k\|^2\cdot f''(\langle k,x\rangle-\|k\|ct).
\end{aligned}$$

Ferner erhält man für die partiellen Ableitungen nach t mit der Kettenregel:

$$\frac{\partial F}{\partial t}(x,t)=f'(\langle k,x\rangle-\|k\|ct)\cdot(-\|k\|c),$$

$$\frac{\partial^2 F}{\partial t^2}(x,t)=f''(\langle k,x\rangle-\|k\|ct)\cdot(-\|k\|c)^2=\|k\|^2c^2\cdot f''(\langle k,x\rangle-\|k\|ct).$$

Damit ist

$$\Delta F-\frac{1}{c^2}\frac{\partial^2 F}{\partial t^2}=0$$

bewiesen.

§6. Totale Differenzierbarkeit

Aufgabe 6 A. Man erhält für alle $(r, \theta, \varphi) \in \mathbb{R}^3$

$$DF(r, \theta, \varphi) = \begin{pmatrix} \sin\theta\cos\varphi & r\cos\theta\cos\varphi & -r\sin\theta\sin\varphi \\ \sin\theta\sin\varphi & r\cos\theta\sin\varphi & r\sin\theta\cos\varphi \\ \cos\theta & -r\sin\theta & 0 \end{pmatrix}.$$

Aufgabe 6 B. Mit der Kettenregel und der Schwarzschen Regel schließt man folgendermaßen:

$$\begin{aligned}
&\frac{\partial(u \circ p)}{\partial r}(r, \varphi) \\
= \;& \sum_{j=1}^{2} \frac{\partial u}{\partial x_j}(p(r, \varphi)) \cdot \frac{\partial p_j}{\partial r}(r, \varphi) \\
= \;& \frac{\partial u}{\partial x_1}(p(r, \varphi)) \cdot \cos\varphi + \frac{\partial u}{\partial x_2}(p(r, \varphi)) \cdot \sin\varphi,
\end{aligned}$$

$$\begin{aligned}
&\frac{\partial^2(u \circ p)}{\partial r^2}(r, \varphi) \\
= \;& \frac{\partial}{\partial r}\left(\frac{\partial u}{\partial x_1}(p(r, \varphi)) \cdot \cos\varphi + \frac{\partial u}{\partial x_2}(p(r, \varphi)) \cdot \sin\varphi\right) \\
= \;& \cos\varphi \cdot \frac{\partial}{\partial r}\left(\frac{\partial u}{\partial x_1}(p(r, \varphi))\right) + \sin\varphi \cdot \frac{\partial}{\partial r}\left(\frac{\partial u}{\partial x_2}(p(r, \varphi))\right) \\
= \;& \cos\varphi \cdot \sum_{j=1}^{2} \frac{\partial^2 u}{\partial x_1 x_j}(p(r, \varphi)) \cdot \frac{\partial p_j}{\partial r}(r, \varphi) \\
& + \sin\varphi \cdot \sum_{j=1}^{2} \frac{\partial^2 u}{\partial x_2 x_j}(p(r, \varphi)) \cdot \frac{\partial p_j}{\partial r}(r, \varphi) \\
= \;& \cos\varphi \cdot \left(\frac{\partial^2 u}{\partial x_1^2}(p(r, \varphi)) \cdot \frac{\partial p_1}{\partial r}(r, \varphi) + \frac{\partial^2 u}{\partial x_1 x_2}(p(r, \varphi)) \cdot \frac{\partial p_2}{\partial r}(r, \varphi)\right) \\
& + \sin\varphi \cdot \left(\frac{\partial^2 u}{\partial x_2 x_1}(p(r, \varphi)) \cdot \frac{\partial p_1}{\partial r}(r, \varphi) + \frac{\partial^2 u}{\partial x_2^2}(p(r, \varphi)) \cdot \frac{\partial p_2}{\partial r}(r, \varphi)\right) \\
= \;& \cos^2\varphi \frac{\partial^2 u}{\partial x_1^2}(p(r, \varphi)) + 2\cos\varphi\sin\varphi \frac{\partial^2 u}{\partial x_1 x_2}(p(r, \varphi)) \\
& + \sin^2\varphi \frac{\partial^2 u}{\partial x_2^2}(p(r, \varphi)),
\end{aligned}$$

$$\begin{aligned}
&\frac{\partial(u\circ p)}{\partial\varphi}(r,\varphi)\\
=\;&\sum_{j=1}^{2}\frac{\partial u}{\partial x_j}(p(r,\varphi))\cdot\frac{\partial p_j}{\partial\varphi}(r,\varphi)\\
=\;&\frac{\partial u}{\partial x_1}(p(r,\varphi))\cdot((-r)\sin\varphi)+\frac{\partial u}{\partial x_2}(p(r,\varphi))\cdot r\cos\varphi,
\end{aligned}$$

$$\begin{aligned}
&\frac{\partial^2(u\circ p)}{\partial\varphi^2}(r,\varphi)\\
=\;&\frac{\partial}{\partial\varphi}\left(\frac{\partial u}{\partial x_1}(p(r,\varphi))\cdot((-r)\sin\varphi)+\frac{\partial u}{\partial x_2}(p(r,\varphi))\cdot r\cos\varphi\right)\\
=\;&-r\left(\cos\varphi\frac{\partial u}{\partial x_1}(p(r,\varphi))+\sin\varphi\frac{\partial}{\partial\varphi}\left(\frac{\partial u}{\partial x_1}(p(r,\varphi))\right)\right)\\
&+r\left(-\sin\varphi\frac{\partial u}{\partial x_2}(p(r,\varphi))+\cos\varphi\frac{\partial}{\partial\varphi}\left(\frac{\partial u}{\partial x_2}(p(r,\varphi))\right)\right)\\
=\;&-r\left(\cos\varphi\frac{\partial u}{\partial x_1}(p(r,\varphi))+\sin\varphi\sum_{j=1}^{2}\frac{\partial^2 u}{\partial x_1x_j}(p(r,\varphi))\cdot\frac{\partial p_j}{\partial\varphi}(r,\varphi)\right)\\
&+r\left(-\sin\varphi\frac{\partial u}{\partial x_2}(p(r,\varphi))+\cos\varphi\sum_{j=1}^{2}\frac{\partial^2 u}{\partial x_2x_j}(p(r,\varphi))\cdot\frac{\partial p_j}{\partial\varphi}(r,\varphi)\right)\\
=\;&-r\cos\varphi\frac{\partial u}{\partial x_1}(p(r,\varphi))-r\sin\varphi\frac{\partial u}{\partial x_2}(p(r,\varphi))\\
&+r^2\sin^2\varphi\frac{\partial^2 u}{\partial x_1^2}(p(r,\varphi))-2r^2\cos\varphi\sin\varphi\frac{\partial^2 u}{\partial x_1x_2}(p(r,\varphi))\\
&+r^2\cos^2\varphi\frac{\partial^2 u}{\partial x_2^2}(p(r,\varphi)).
\end{aligned}$$

Damit gilt:

$$\begin{aligned}
&\frac{\partial^2(u\circ p)}{\partial r^2}(r,\varphi)+\frac{1}{r}\cdot\frac{\partial(u\circ p)}{\partial r}(r,\varphi)+\frac{1}{r^2}\cdot\frac{\partial^2(u\circ p)}{\partial\varphi^2}(r,\varphi)\\
=\;&\frac{\partial^2 u}{\partial x_1^2}(p(r,\varphi))+\frac{\partial^2 u}{\partial x_2^2}(p(r,\varphi))\\
=\;&((\Delta u)\circ p)(r,\varphi).
\end{aligned}$$

Aufgabe 6 C. Sei $\varepsilon > 0$ beliebig. Setze $\delta := \varepsilon/K$, dann gilt für alle $\xi \in \mathbb{R}^n$ mit $\|\xi\| < \delta$ und alle $x \in U$ mit $\xi + x \in U$ unter Anwendung von An. 2, §6, Satz 5 und dem Hilfssatz zum Corollar zu Satz 5:

$$\begin{aligned}
\|f(x+\xi) - f(x)\| &= \left\| \left(\int_0^1 Df(x+t\xi)\, dt \right) \cdot \xi \right\| \\
&\leq \|\xi\| \cdot \int_0^1 \|Df(x+t\xi)\|\, dt \\
&\leq \|\xi\| \cdot \int_0^1 K\, dt \\
&= \|\xi\| \cdot K \\
&< \delta \cdot K \\
&= \varepsilon,
\end{aligned}$$

und damit ist f in U gleichmäßig stetig.
An. 2, Satz 5, darf hier angewendet werden, denn U ist eine offene Kugel, d.h. es gibt ein $m \in \mathbb{R}^n$ und ein $r \in \mathbb{R}_+$ mit $U = B(m,r)$. Dann gilt für alle $t \in [0,1]$ und alle x, $x + \xi \in U$ unter Benutzung der Dreiecksungleichung:

$$\begin{aligned}
\|x + t\xi - m\| &= \|t(x+\xi-m) + (1-t)(x-m)\| \\
&\leq \|t(x+\xi-m)\| + \|(1-t)(x-m)\| \\
&= t\|x+\xi-m\| + (1-t)\|x-m\| \\
&< tr + (1-t)r \\
&= r,
\end{aligned}$$

d.h. $x + t\xi \in U$ für alle $t \in [0,1]$.

Aufgabe 6 D. Es gilt $(f \circ \varphi) :]-\varepsilon, \varepsilon[\longrightarrow \mathbb{R}$ mit

$$(f \circ \varphi)(x) = c \qquad \text{für alle } x \in]-\varepsilon, \varepsilon[,$$

da $\varphi(]-\varepsilon,\varepsilon[) \subset N_f(c)$ nach Voraussetzung. Nach An. 1, §15, Beispiel (15.1), gilt daher $(f \circ \varphi)'(0) = 0$. Damit gilt nach der Kettenregel

$$0 = (f \circ \varphi)'(0) = Df(\varphi(0)) \cdot D\varphi(0) = \langle \varphi'(0), \mathrm{gradf(x)} \rangle.$$

Bild 3

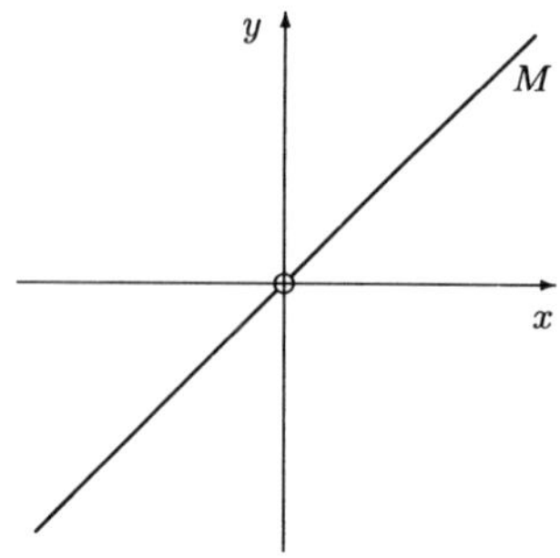

Aufgabe 6 F.

a) Da $\overline{M} = \{(x,y) \in \mathbb{R}^2 \ : \ x = y\}$, vgl. Bild 3, ist f in $(x,y) \in \mathbb{R}^2 \setminus \overline{M}$ (total) differenzierbar (denn $\mathbb{R}^2 \setminus \overline{M}$ ist offen und $f \restriction \mathbb{R}^2 \setminus \overline{M} = 0$) und damit insbesondere partiell differenzierbar.

Im Nullpunkt ist f partiell differenzierbar, da

$$\frac{\partial f}{\partial x}(0) = \lim_{h \to 0} \frac{f(h,0)}{h} = \lim_{h \to 0} \frac{0}{h} = 0, \qquad \frac{\partial f}{\partial y}(0) = \lim_{h \to 0} \frac{f(0,h)}{h} = 0.$$

Ist $(x,y) \in M$, so gilt $f(x,y) \neq 0$ und die Grenzwerte

$$\lim_{h \to 0} \frac{f((x,y) + he_i) - f(x,y)}{h} = \lim_{h \to 0} \frac{-f(x,y)}{h}$$

existieren für $i = 1, 2$ nicht, d.h. f ist in M nicht partiell differenzierbar.

b) Es sei $v = (v_1, v_2) \in \mathbb{R}^2$ mit $\|v\| = 1$. Sind v und $(1,1)$ linear unabhängig, so ist

$$tv \notin M \qquad \text{für alle } t \in \mathbb{R}^*$$

und somit

$$D_v f(0) = \lim_{t \to 0} \frac{f(tv) - f(0)}{t} = \lim_{t \to 0} \frac{0 - 0}{t} = 0.$$

Sind v und $(1,1)$ linear abhängig, so folgt

$$D_v f(0) = \lim_{t \to 0} \frac{f(tv_1, tv_2) - f(0)}{t} = \lim_{t \to 0} \frac{e^{tv_1} - 1}{t} = 1.$$

c) Für $v := \pm\frac{1}{\sqrt{2}}(1,1)$ gilt $\|v\| = 1$ und nach a) und b)

$$D_v f(0) = 1 \neq 0 = \langle v, (0,0)\rangle = \langle v, \text{grad f}(0)\rangle.$$

§7. Taylor–Formel. Lokale Extrema

Aufgabe 7 A. f ist in ganz $\mathbb{R}_+^* \times \mathbb{R}_+^*$ dreimal stetig partiell differenzierbar und es gilt:

$$\frac{\partial f}{\partial x}(x,y) = \frac{2y}{(x+y)^2}, \qquad \frac{\partial f}{\partial y}(x,y) = \frac{-2x}{(x+y)^2},$$
$$\frac{\partial^2 f}{\partial x^2}(x,y) = \frac{-4y}{(x+y)^3}, \qquad \frac{\partial^2 f}{\partial x \partial y}(x,y) = \frac{2(x-y)}{(x+y)^3},$$
$$\frac{\partial^2 f}{\partial y^2}(x,y) = \frac{4x}{(x+y)^3}, \qquad \frac{\partial^3 f}{\partial x^3}(x,y) = \frac{12y}{(x+y)^4},$$
$$\frac{\partial^3 f}{\partial x^2 \partial y}(x,y) = \frac{-4x+8y}{(x+y)^4}, \qquad \frac{\partial^3 f}{\partial x \partial y^2}(x,y) = \frac{-8x+4y}{(x+y)^4},$$
$$\frac{\partial^3 f}{\partial y^3}(x,y) = \frac{-12x}{(x+y)^4}.$$

Daher existiert nach An. 2, §7, Satz 2, für jedes $(x,y) \in \{(a,b) \in \mathbb{R}^2 : a,b > -1\}$ ein $\theta \in [0,1]$, so daß

$$\begin{aligned} f(x+1,y+1) &= f(1,1) + \frac{\partial f}{\partial x}(1,1)x + \frac{\partial f}{\partial y}(1,1)y + \frac{\partial^2 f}{\partial x^2}(1,1)\frac{x^2}{2} \\ &\quad + \frac{\partial^2 f}{\partial x \partial y}(1,1)xy + \frac{\partial^2 f}{\partial y^2}(1,1)\frac{y^2}{2} + R_3^\theta(x+1,y+1) \\ &= \frac{1}{2}x - \frac{1}{2}y - \frac{1}{4}x^2 + \frac{1}{4}y^2 + R_3^\theta(x+1,y+1), \end{aligned}$$

wobei

$$\begin{aligned} &R_3^\theta(x+1,y+1) \\ = \;& \frac{\partial^3 f}{\partial x^3}(1+\theta x, 1+\theta y)\frac{x^3}{6} + \frac{\partial^3 f}{\partial x^2 \partial y}(1+\theta x, 1+\theta y)\frac{x^2 y}{2} \\ &+ \frac{\partial^3 f}{\partial x \partial y^2}(1+\theta x, 1+\theta y)\frac{xy^2}{2} + \frac{\partial^3 f}{\partial y^3}(1+\theta x, 1+\theta y)\frac{y^3}{6} \end{aligned}$$

$$\begin{aligned}
&= \frac{12+12\theta y}{(2+\theta(x+y))^4}\cdot\frac{x^3}{6}+\frac{4-4\theta x+8\theta y}{(2+\theta(x+y))^4}\cdot\frac{x^2y}{2}\\
&\quad+\frac{-4-8\theta x+4\theta y}{(2+\theta(x+y))^4}\cdot\frac{xy^2}{2}+\frac{-12-12\theta x}{(2+\theta(x+y))^4}\cdot\frac{y^3}{6}\\
&= \frac{2}{(2+\theta(x+y))^4}(x+y)^2(x-y).
\end{aligned}$$

Aufgabe 7 B. f ist in $\mathbb{R}^2$ zweimal stetig partiell differenzierbar, und es gilt für alle $(x,y)\in\mathbb{R}^2$:

$$\nabla f(x,y) = e^{-x^2-4y^2}\cdot\big(x(-8x^2-2y^2+8), y(-8y^2-32x^2+2)\big),$$

$$\frac{\partial^2 f}{\partial x^2}(x,y) = (16x^4-40x^2+4x^2y^2+8-2y^2)e^{-x^2-4y^2},$$

$$\frac{\partial^2 f}{\partial x\partial y}(x,y) = (64x^3y-68xy+16xy^3)e^{-x^2-4y^2},$$

$$\frac{\partial^2 f}{\partial y^2}(x,y) = (64y^4-40y^2+256x^2y^2-32x^2+2)e^{-x^2-4y^2}.$$

Notwendig für das Vorliegen eines lokalen Extremas in $(x,y)\in\mathbb{R}^2$ ist nach An. 2, §7, Satz 3,

$$\begin{aligned}
& \nabla f(x,y) = (0,0)\\
\Longleftrightarrow\quad & \begin{pmatrix} x(-8x^2-2y^2+8)e^{-x^2-4y^2}\\ y(-8y^2-32x^2+2)e^{-x^2-4y^2}\end{pmatrix} = \begin{pmatrix}0\\0\end{pmatrix}\\
\Longleftrightarrow\quad & (x(-8x^2-2y^2+8)e^{-x^2-4y^2}=0)\\
& \wedge(y(-8y^2-32x^2+2)e^{-x^2-4y^2}=0)\\
\Longleftrightarrow\quad & (x(-8x^2-2y^2+8)=0)\\
& \wedge(y(-8y^2-32x^2+2)=0)\\
\Longleftrightarrow\quad & \big((x=0)\wedge(y(-8y^2+2)=0)\big)\\
& \vee\big((y=0)\wedge(x(-8x^2+8)=0)\big)\\
& \vee\big((-8x^2-2y^2+8=0)\wedge(-8y^2-32x^2+2=0)\big)\\
\Longleftrightarrow\quad & (x,y)=(0,0)\vee(x,y)=\big(0,\tfrac12\big)\vee(x,y)=\big(0,-\tfrac12\big)\\
& \vee(x,y)=(1,0)\vee(x,y)=(-1,0)\\
& \vee\underbrace{\big((32x^2+8y^2=32)\wedge(8y^2+32x^2=2)\big)}_{\text{unerfüllbar}}.
\end{aligned}$$

Also können nur in den folgenden Punkten lokale Extrema vorliegen:

$$(0,0), \quad \left(0,\tfrac{1}{2}\right), \quad \left(0,-\tfrac{1}{2}\right), \quad (1,0), \quad (-1,0).$$

Weiter gilt mit An. 2, §7, Bemerkung S. 61:

$$(\text{Hessf})(0,0) = \begin{pmatrix} 8 & 0 \\ 0 & 2 \end{pmatrix} \text{ ist positiv definit,}$$

$$\begin{aligned}(\text{Hessf})(1,0) &= (\text{Hessf})(-1,0) \\ &= \begin{pmatrix} -16e^{-1} & 0 \\ 0 & -30e^{-1} \end{pmatrix} \text{ ist negativ definit,}\end{aligned}$$

$$\begin{aligned}(\text{Hessf})\left(0,\tfrac{1}{2}\right) &= (\text{Hessf})\left(0,-\tfrac{1}{2}\right) \\ &= \begin{pmatrix} \frac{15}{2}e^{-1} & 0 \\ 0 & -4e^{-1} \end{pmatrix} \text{ ist indefinit.}\end{aligned}$$

Nach An. 2, §7, Satz 4, folgt dann für die lokalen Extrema von f:

- f hat in $(0,0)$ ein lokales Minimum,
- f hat in $(1,0)$ und $(-1,0)$ ein lokales Maximum.

Aufgabe 7 E.

a) Sei $\beta := (\beta_1, \ldots, \beta_n) \in \mathbb{N}^n$ mit $|\beta| = k$, also $\beta_1 + \ldots + \beta_n = k$. P ist beliebig oft stetig partiell differenzierbar, und es gilt

$$\begin{aligned}
D^\beta P(x) &= \frac{\partial^{|\beta|}}{\partial x_1^{\beta_1} \ldots \partial x_n^{\beta_n}} \left(\sum_{|\alpha|=k} c_\alpha x^\alpha \right) \\
&= \sum_{|\alpha|=k} c_\alpha \underbrace{\left(\frac{\partial^{|\beta|}}{\partial x_1^{\beta_1} \ldots \partial x_n^{\beta_n}} x^\alpha \right)}_{=0, \text{ falls } |\alpha|=k \text{ mit } \alpha \neq \beta} \\
&= c_\beta \left(\frac{\partial^{|\beta|}}{\partial x_1^{\beta_1} \ldots \partial x_n^{\beta_n}} x^\beta \right) \\
&= c_\beta \left(\frac{\partial^{\beta_1}}{\partial x_1^{\beta_1}} \cdots \frac{\partial^{\beta_n}}{\partial x_n^{\beta_n}} \left(x^{\beta_1} \cdot \ldots \cdot x^{\beta_n} \right) \right) \\
&= c_\beta \cdot \beta_1! \cdot \ldots \cdot \beta_n! \\
&= \beta! \cdot c_\beta .
\end{aligned}$$

b) Da $P(x) = 0$ für alle x aus einer Umgebung um den Nullpunkt, die wir im folgenden mit U bezeichnen, gilt

$$D^\alpha P(x) = 0 \qquad \text{für alle } x \in U \text{ und alle } \alpha \in \mathbb{N}^n \text{ mit } |\alpha| = k.$$

Unter Benutzung von a) ergibt sich dann

$$\alpha!\, c_\alpha = 0 \qquad \text{für alle } \alpha \in \mathbb{N}^n \text{ mit } |\alpha| = k,$$

und somit

$$c_\alpha = 0 \qquad \text{für alle } \alpha \in \mathbb{N}^n \text{ mit } |\alpha| = k.$$

c) O.B.d.A. sei $k > 0$, dann gilt $P(0) = 0$ trivialerweise, und es ist nur

$$\lim_{x \to 0} \frac{P(x)}{\|x\|^m} = 0$$

für alle $m \in \mathbb{N}$ mit $m < k$ zu zeigen. Es sei $m < k$ beliebig, dann läßt sich zu jedem $\alpha \in \mathbb{N}^n$ mit $|\alpha| = k$ ein $\beta^{(\alpha)} := (\beta_1^{(\alpha)}, \ldots, \beta_n^{(\alpha)}) \in \mathbb{N}^n$ mit folgenden Eigenschaften wählen:

(1) $|\beta^{(\alpha)}| = m$,

(2) $\beta_i^{(\alpha)} \le \alpha_i \qquad$ für alle $i \in \{1, \ldots, n\}$.

Dann gilt $\alpha - \beta^{(\alpha)} \in \mathbb{N}^n$ und somit

$$\begin{aligned}
\left|\frac{P(x)}{\|x\|^m}\right| &\le \sum_{|\alpha|=k} |c_\alpha| \frac{|x^\alpha|}{\|x\|^m} \\
&= \sum_{|\alpha|=k} |c_\alpha| \frac{|x^{\beta^{(\alpha)}}| \cdot |x^{\alpha-\beta^{(\alpha)}}|}{\|x\|^m} \\
&= \sum_{|\alpha|=k} |c_\alpha| \cdot |x^{\alpha-\beta^{(\alpha)}}| \underbrace{\frac{|x_1^{\beta_1^{(\alpha)}} \cdot \ldots \cdot x_n^{\beta_n^{(\alpha)}}|}{\|x\|^{\beta_1^{(\alpha)}} \cdot \ldots \cdot \|x\|^{\beta_n^{(\alpha)}}}}_{\le 1} \\
&\le \sum_{|\alpha|=k} |c_\alpha| \cdot |x^{\alpha-\beta^{(\alpha)}}|.
\end{aligned}$$

Da $m < k$ ist $\alpha - \beta^{(\alpha)} \ne (0, \ldots, 0)$ für jedes $\alpha \in \mathbb{N}^n$ mit $|\alpha| = k$ und somit

$$\lim_{x \to 0} \left(\sum_{|\alpha|=k} |c_\alpha| \cdot |x^{\alpha-\beta(\alpha)}| \right) = 0.$$

Also

$$\lim_{x \to 0} \frac{P(x)}{\|x\|^m} = 0$$

und damit $P(x) = \mathrm{o}(\|x\|^m)$.

d) Da

$$(1) \qquad \frac{P(x)}{\|x\|^k} = \frac{1}{\|x\|^k} \sum_{|\alpha|=k} c_\alpha x^\alpha = \sum_{|\alpha|=k} c_\alpha \left(\frac{x}{\|x\|} \right)^\alpha = P\left(\frac{x}{\|x\|} \right)$$

für alle $x \in \mathbb{R}^n \setminus \{0\}$ und

$$P(x) = \mathrm{o}(\|x\|^k) \Longrightarrow \lim_{x \to 0} \frac{P(x)}{\|x\|^k} = 0,$$

muß

$$\lim_{x \to 0} P\left(\frac{x}{\|x\|} \right) = 0$$

gelten. Da P offenbar stetig ist, gilt

$$(2) \qquad P\left(\lim_{x \to 0} \frac{x}{\|x\|} \right) = 0, \quad \text{falls } \lim_{x \to 0} \frac{x}{\|x\|} \text{ existiert.}$$

Ist nun $x := (x_1, \ldots, x_n) \in \mathbb{R}^n \setminus \{0\}$ mit $\|x\| = 1$, so setzen wir für $m \in \mathbb{N}$ mit $m \neq 0$

$$y^{(m)} := \left(\frac{x_1}{m}, \ldots, \frac{x_n}{m} \right)$$

und erhalten:

- $\lim_{m \to \infty} y^{(m)} = (0, \ldots, 0)$,
- $\dfrac{y^{(m)}}{\|y^{(m)}\|} = \dfrac{y^{(m)}}{m^{-1}\|x\|} = x.$

Somit ist $P(x) = 0$ für alle $x \in \mathbb{R}^n$ mit $\|x\| = 1$ nach (2) bewiesen. Ist $x \in \mathbb{R} \setminus \{0\}$, so gilt nach (1):

$$P(x) = \|x\|^k \cdot \underbrace{P\left(\frac{x}{\|x\|}\right)}_{=0} = 0, \quad \text{da} \quad \left\|\frac{x}{\|x\|}\right\| = 1.$$

Daher muß $P(x) = 0$ für alle $x \in \mathbb{R}^n$ gelten.

Aufgabe 7 F. In einer Umgebung von x gilt

$$0 = f(x+\xi) - f(x+\xi) = \sum_{|\alpha| \le k} (c_\alpha - \widetilde{c}_\alpha)\xi^\alpha + \underbrace{(\varphi(\xi) - \widetilde{\varphi}(\xi))}_{=:\psi(\xi)}$$

$$= \sum_{|\alpha| \le k} (c_\alpha - \widetilde{c}_\alpha)\xi^\alpha + \psi(\xi),$$

wobei $\psi(\xi) = o(\|\xi\|^k)$ ist. Durch Induktion über $|\alpha|$ zeigen wir nun, daß $c_\alpha = \widetilde{c}_\alpha$ für alle $\alpha \in \mathbb{N}^n$ mit $|\alpha| \le k$ gilt.

i) Induktionsanfang: $|\alpha| = 0$.

Da $|\alpha| = 0 \Longleftrightarrow \alpha = 0$ gilt

$$0 = \sum_{|\alpha| \le k} (c_\alpha - \widetilde{c}_\alpha)0^\alpha + \psi(0) \Longleftrightarrow 0 = c_0 - \widetilde{c}_0 \Longleftrightarrow c_0 = \widetilde{c}_0.$$

ii) Induktionsschritt:

Es gelte $c_\alpha = \widetilde{c}_\alpha$ für alle $\alpha \in \mathbb{N}$ mit $|\alpha| < l$, wobei $l \in \{1, \dots, k\}$, dann ist $c_\alpha = \widetilde{c}_\alpha$ für alle $\alpha \in \mathbb{N}^n$ mit $|\alpha| = l$ zu zeigen. Nun gilt

$$\begin{aligned}
& 0 = \sum_{|\alpha| \le k} (c_\alpha - \widetilde{c}_\alpha)\xi^\alpha + \psi(\xi) \\
\Longleftrightarrow \quad & 0 = \sum_{l \le |\alpha| \le k} (c_\alpha - \widetilde{c}_\alpha)\xi^\alpha + \psi(\xi) \\
\Longleftrightarrow \quad & 0 = \sum_{|\alpha| = l} (c_\alpha - \widetilde{c}_\alpha)\xi^\alpha + \underbrace{\sum_{l < |\alpha| \le k} (c_\alpha - \widetilde{c}_\alpha)\xi^\alpha}_{=:g(\xi)} + \psi(\xi).
\end{aligned}$$

Nach Aufgabe 7 E c) und den Grenzwertsätzen ist dann $g(\xi) = o(\|\xi\|^l)$, sowie trivialerweise $\psi(\xi) = o(\|\xi\|^l)$. Damit gilt

$$0 = \sum_{|\alpha|=l} (c_\alpha - \widetilde{c}_\alpha)\xi^\alpha + o(\|\xi\|^l),$$

woraus unmittelbar

$$\sum_{|\alpha|=l} (c_\alpha - \widetilde{c}_\alpha)\xi^\alpha = o(\|x\|^l)$$

folgt, und nach Aufgabe 7 E d) und b) muß dann

$$c_\alpha - \widetilde{c}_\alpha = 0 \iff c_\alpha = \widetilde{c}_\alpha$$

für alle $\alpha \in \mathbb{N}^n$ mit $|\alpha| = l$ gelten.

Aufgabe 7 G.

a) Da für alle $\alpha \in \mathbb{N}^n$ mit $|\alpha| \leq k$ die Funktion $D^\alpha f$ in U beschränkt ist, existiert

$$\sup_{x \in U} |D^\alpha f(x)| \in \mathbb{R}$$

und somit ist auch $\|f\|_k \in \mathbb{R}$. Zu bestätigen bleiben noch die drei Normaxiome.

i) Sei $f \in C_b^k(U)$ beliebig, dann gilt:

$$\begin{aligned} & \|f\|_k = 0 \\ \iff & \sum_{|\alpha|\leq k} \frac{1}{\alpha!} \sup_{x\in U} |D^\alpha f(x)| = 0 \\ \iff & D^\alpha f(x) = 0 \qquad \text{für alle } x \in U \text{ und } |\alpha| \leq k \\ \iff & f(x) = 0 \qquad \text{für alle } x \in U \\ \iff & f = 0. \end{aligned}$$

ii) Es gilt für alle $\lambda \in \mathbb{R}$ und alle $f \in C_b^k(U)$

$$\begin{aligned}
\|\lambda \cdot f\|_k &= \sum_{|\alpha|\le k} \frac{1}{\alpha!} \sup_{x\in U} |D^\alpha(\lambda f)(x)| \\
&= \sum_{|\alpha|\le k} \frac{1}{\alpha!} \sup_{x\in U} |\lambda D^\alpha f(x)| \\
&= \sum_{|\alpha|\le k} \frac{1}{\alpha!} \sup_{x\in U} |\lambda| \cdot |D^\alpha f(x)| \\
&= |\lambda| \sum_{|\alpha|\le k} \frac{1}{\alpha!} \sup_{x\in U} |D^\alpha f(x)| \\
&= |\lambda| \cdot \|f\|_k.
\end{aligned}$$

iii) Es gilt für alle $f, g \in C_b^k(U)$

$$\begin{aligned}
&\|f+g\|_k \\
= &\sum_{|\alpha|\le k} \frac{1}{\alpha!} \sup_{x\in U} |D^\alpha(f+g)(x)| \\
= &\sum_{|\alpha|\le k} \frac{1}{\alpha!} \sup_{x\in U} |D^\alpha f(x) + D^\alpha g(x)| \\
\le &\sum_{|\alpha|\le k} \frac{1}{\alpha!} \sup_{x\in U} (|D^\alpha f(x)| + |D^\alpha g(x)|) \\
\le &\sum_{|\alpha|\le k} \frac{1}{\alpha!} \left(\sup_{x\in U} |D^\alpha f(x)| + \sup_{x\in U} |D^\alpha g(x)| \right) \\
= &\sum_{|\alpha|\le k} \frac{1}{\alpha!} \sup_{x\in U} |D^\alpha f(x)| + \sum_{|\alpha|\le k} \frac{1}{\alpha!} \sup_{x\in U} |D^\alpha g(x)| \\
= &\|f\|_k + \|g\|_k.
\end{aligned}$$

b) Zunächst berechnen wir $D^\alpha(f \cdot g)(x)$ für jedes $\alpha = (\alpha_1, \ldots, \alpha_n) \in \mathbb{N}^n$ mit $|\alpha| \le k$. Unter Benutzung von An. 1, Aufgabe 15.6 i) (Leibnizsche Formel) erhalten wir

$$\begin{aligned}
&D^\alpha(f \cdot g)(x) \\
= &\frac{\partial^{|\alpha|}}{\partial x_1^{\alpha_1} \cdots \partial x_n^{\alpha_n}} (f \cdot g)(x)
\end{aligned}$$

$$
\begin{aligned}
&= \frac{\partial^{|\alpha|-\alpha_1}}{\partial x_2^{\alpha_2}\cdots\partial x_n^{\alpha_n}}\left(\sum_{\beta_1=0}^{\alpha_1}\binom{\alpha_1}{\beta_1}\frac{\partial^{\alpha_1-\beta_1}f}{\partial x_1^{\alpha_1-\beta_1}}(x)\frac{\partial^{\beta_1}g}{\partial x_1^{\beta_1}}(x)\right)\\
&= \sum_{\beta_1=0}^{\alpha_1}\cdots\sum_{\beta_n=0}^{\alpha_n}\binom{\alpha_1}{\beta_1}\cdots\binom{\alpha_n}{\beta_n}\frac{\partial^{\alpha_1+\ldots+\alpha_n-\beta_1-\ldots-\beta_n}f}{\partial x_1^{\alpha_1-\beta_1}\cdots\partial x_n^{\alpha_n-\beta_n}}(x)\\
&\quad\cdot\frac{\partial^{\beta_1+\cdots+\beta_n}g}{\partial x_1^{\beta_1}\cdots\partial x_n^{\beta_n}}(x)\\
&= \sum_{\beta_1=0}^{\alpha_1}\cdots\sum_{\beta_n=0}^{\alpha_n}\frac{\alpha!}{\beta!(\alpha-\beta)!}\cdot\frac{\partial^{|\alpha|-|\beta|}f}{\partial x_1^{\alpha_1-\beta_1}\cdots\partial x_n^{\alpha_n-\beta_n}}(x)\\
&\quad\cdot\frac{\partial^{|\beta|}g}{\partial x_1^{\beta_1}\cdots\partial x_n^{\beta_n}}(x)\\
&= \sum_{\beta_1=0}^{\alpha_1}\cdots\sum_{\beta_n=0}^{\alpha_n}\frac{\alpha!}{\beta!(\alpha-\beta)!}\cdot D^{\alpha-\beta}f(x)D^{\beta}g(x).
\end{aligned}
$$

Setzt man $\binom{\alpha}{\beta} := \frac{\alpha!}{\beta!(\alpha-\beta)!}$, so läßt sich obige Gleichung auch in der Form

$$
D^{\alpha}(f\cdot g)(x) = \sum_{\substack{\beta\in\mathbb{N}^n,\\ |\alpha-\beta|\le k}}\binom{\alpha}{\beta}D^{\alpha-\beta}f(x)D^{\beta}g(x)
$$

schreiben. Dann wird die Ähnlichkeit zur Leibnizschen Formel noch deutlicher. (Man beachte, daß $|\alpha-\beta|\le k$ insbesondere $\alpha-\beta\in\mathbb{N}^n$ fordert.) Damit gilt

$$
\begin{aligned}
&\|f\cdot g\|_k\\
&= \sum_{|\alpha|\le k}\frac{1}{\alpha!}\sup_{x\in U}|D^{\alpha}(f\cdot g)(x)|\\
&\le \sum_{|\alpha|\le k}\sum_{\substack{\beta\in\mathbb{N}^n,\\ |\alpha-\beta|\le k}}\frac{1}{\beta!(\alpha-\beta)!}\sup_{x\in U}\left|D^{\alpha-\beta}f(x)D^{\beta}g(x)\right|\\
&\le \sum_{|\alpha|\le k}\sum_{|\beta|\le k}\frac{1}{\beta!\alpha!}\sup_{x\in U}\left|D^{\alpha}f(x)D^{\beta}g(x)\right|\\
&\le \sum_{|\alpha|\le k}\sum_{|\beta|\le k}\frac{1}{\alpha!\beta!}\sup_{x\in U}|D^{\alpha}f(x)|\cdot\sup_{x\in U}|D^{\beta}g(x)|
\end{aligned}
$$

$$= \left(\sum_{|\alpha| \le k} \frac{1}{\alpha!} \sup_{x \in U} |D^\alpha f(x)| \right) \cdot \left(\sum_{|\beta| \le k} \frac{1}{\beta!} \sup_{x \in U} |D^\beta g(x)| \right)$$
$$= \|f\|_k \cdot \|g\|_k,$$

also

$$\|f \cdot g\|_k \le \|f\|_k \cdot \|g\|_k.$$

c) Es sei $(f_n)_{n\in\mathbb{N}}$ eine Cauchy-Folge in $(C_b^k(U), \| \ \|_k)$, d.h. für alle $\varepsilon > 0$ gibt es ein $N \in \mathbb{N}$, so daß

$$\|f_n - f_m\|_k < \varepsilon \qquad \text{für alle } n, m \ge N.$$

Also gilt für alle $n, m \ge N$

$$\sum_{|\alpha| \le k} \frac{1}{\alpha!} \sup_{x \in U} |D^\alpha (f_n - f_m)(x)| < \varepsilon,$$

d.h.

$$\frac{1}{\alpha!} \sup_{x \in U} |D^\alpha (f_n - f_m)(x)| < \varepsilon$$

für alle $\alpha \in \mathbb{N}^n$ mit $|\alpha| \le k$ und somit

$$\frac{1}{\alpha!} |D^\alpha f_n(x) - D^\alpha f_m(x)| < \varepsilon$$

für alle $x \in U$ und alle $\alpha \in \mathbb{N}^n$ mit $|\alpha| \le k$. Aus der Vollständigkeit von $(\mathbb{R}, | \ |)$ folgt dann, daß $(D^\alpha f_n)_{n\in\mathbb{N}}$ für alle $\alpha \in \mathbb{N}^n$ mit $|\alpha| \le k$ eine gleichmäßig konvergente Funktionenfolge ist (vgl. Aufgabe 2 C). Setze

$$f_\alpha := \lim_{n\to\infty} D^\alpha f_n$$

und $f := f_{(0,\ldots,0)}$. Im folgenden zeigen wir, daß

$$f_\alpha = D^\alpha f$$

erfüllt ist. Diese Aussage reduziert sich darauf,

$$f_{(1,0,\ldots,0)} = D^{(1,0,\ldots,0)} f = \frac{\partial f}{\partial x_1}$$

zu bestätigen (die allgemeine Aussage folgt dann induktiv und aus Symmetriegründen). Wir setzen nun für jedes $x_0 \in U$ und jedes $n \in \mathbb{N}$

$$\begin{cases} \varphi_n^{(x_0)} : [-\varepsilon_{x_0}, \varepsilon_{x_0}] \longrightarrow \mathbb{R}, \\ \varphi_n^{(x_0)}(t) := f_n(x_0 + te_1), \end{cases}$$

wobei $\varepsilon_{x_0} > 0$ so gewählt ist, daß $x_0 + te_1 \in U$ für alle $t \in [-\varepsilon_{x_0}, \varepsilon_{x_0}]$ (dies ist möglich, da U eine offene Menge ist). Dann sind $\varphi_n^{(x_0)}$ stetig differenzierbare Funktionen, welche punktweise gegen $t \longmapsto f(x_0 + te_1)$ konvergieren. Außerdem konvergiert

$$t \longmapsto \frac{d}{dt}\varphi_n^{(x_0)}(t) = \frac{\partial}{\partial t} f_n(x_0 + te_1) = \frac{\partial f_n}{\partial x_1}(x_0 + te_1)$$

gleichmäßig auf $[-\varepsilon_{x_0}, \varepsilon_{x_0}]$ gegen $t \longmapsto f_{(1,0,\ldots,0)}(x_0 + te_1)$ (s.o.). Deshalb gilt nach An. 1, §21, Satz 5,

$$\frac{\partial f}{\partial x_1}(x_0 + te_1) = f_{(1,0,\ldots,0)}(x_0 + te_1)$$

und damit, indem man $t = 0$ setzt,

$$\frac{\partial f}{\partial x_1} = f_{(1,0,\ldots,0)},$$

unter der Berücksichtigung, daß $x_0 \in U$ beliebig vorausgesetzt war. Es gilt also

- $f : U \longrightarrow \mathbb{R}$ ist eine k–mal stetig differenzierbare Funktion, da

  $$f_\alpha = D^\alpha f$$

  und f_α für alle $\alpha \in \mathbb{N}^n$ mit $|\alpha| \leq k$ stetig ist (gleichmäßige Konvergenz).

- $D^\alpha f = f_\alpha$ ist beschränkt in U für alle $\alpha \in \mathbb{N}^n$ mit $|\alpha| \leq k$, da $(D^\alpha f_n)_{n\in\mathbb{N}}$ gleichmäßig gegen f_α konvergiert und $D^\alpha f_n$ für alle $n \in \mathbb{N}$ nach Voraussetzung beschränkt ist.

Es bleibt also offenbar nur noch zu bestätigen, daß es zu jedem $\varepsilon > 0$ ein $N' \in \mathbb{N}$ gibt, so daß

$$\|f_n - f\|_k < \varepsilon \qquad \text{für alle } n \geq N'.$$

Setze

$$M := |\{\alpha \in \mathbb{N}^n : |\alpha| \leq k\}|.$$

Da $(D^\alpha f_n)_{n\in\mathbb{N}}$ gleichmäßig gegen $D^\alpha f$ konvergiert, gibt es für jedes $\alpha \in \mathbb{N}^n$ mit $|\alpha| \leq k$ ein $N_\alpha \in \mathbb{N}$, so daß

$$\sup_{x\in U} |D^\alpha f_n(x) - D^\alpha f(x)| < \frac{\varepsilon}{M} \qquad \text{für alle } n \geq N_\alpha.$$

Also gilt für alle $n \geq \max\{N_\alpha : \alpha \in \mathbb{N}^n \text{ mit } |\alpha| \leq k\}$

$$\begin{aligned} &\|f_n - f\|_k \\ = &\sum_{|\alpha|\leq k} \frac{1}{\alpha!} \sup_{x\in U} |D^\alpha f_n(x) - D^\alpha f(x)| \\ < &\sum_{|\alpha|\leq k} \frac{1}{\alpha!} \cdot \frac{\varepsilon}{M} \\ \leq &\ \varepsilon. \end{aligned}$$

§8. Implizite Funktionen

Aufgabe 8 A. Es gilt für alle $(x, y) \in \mathbb{R}^2$

$$DF(x,y) = \begin{pmatrix} 2x & -2y \\ 2y & 2x \end{pmatrix}.$$

Da bekanntlich

$$DF(x,y) \text{ invertierbar} \iff \det(DF(x,y)) \neq 0$$

und $\det(DF(x,y)) = 4x^2 + 4y^2$, existiert $DF^{-1}(x,y)$ für alle $(x,y) \in \mathbb{R} \setminus \{(0,0)\}$, und es gilt für alle $(x,y) \in \mathbb{R}^2 \setminus \{(0,0)\}$

$$
\begin{aligned}
DF^{-1}(x,y) &= \frac{1}{\det(DF(x,y))}\begin{pmatrix} 2x & 2y \\ -2y & 2x \end{pmatrix} \\
&= \begin{pmatrix} \dfrac{x}{2(x^2+y^2)} & \dfrac{y}{2(x^2+y^2)} \\ \dfrac{-y}{2(x^2+y^2)} & \dfrac{-x}{2(x^2+y^2)} \end{pmatrix}.
\end{aligned}
$$

Da $f(0,0) = (0,0)$ ist nur zu zeigen, daß jeder Punkt $(a,b) \in \mathbb{R}^2 \setminus (0,0)$ genau zwei Urbildpunkte besitzt. Sei $(x,y) \in \mathbb{R}^2$ beliebig mit $f(x,y) = (a,b)$, dann nehmen wir folgende Fallunterscheidung vor:

I) $b = 0$ und $a > 0$:

$$
\begin{aligned}
f(x,y) = (a,b) &\iff (x^2 - y^2, 2xy) = (a,0) \\
&\iff \begin{cases} x^2 - y^2 = a \\ 2xy = 0 \end{cases} \\
&\iff \begin{cases} (x = \sqrt{a}) \vee (x = -\sqrt{a}) \\ y = 0 \end{cases} \\
&\iff \big((x,y) = (\sqrt{a},0)\big) \vee \big((x,y) = (-\sqrt{a},0)\big).
\end{aligned}
$$

II) $b = 0$ und $a < 0$:

$$
\begin{aligned}
& f(x,y) = (a,b) \\
\iff\ & (x^2 - y^2, 2xy) = (a,0) \\
\iff\ & \begin{cases} x^2 - y^2 = a \\ 2xy = 0 \end{cases} \\
\iff\ & \begin{cases} x = 0 \\ (y = \sqrt{-a}) \vee (y = -\sqrt{-a}) \end{cases} \\
\iff\ & \big((x,y) = (0,\sqrt{-a})\big) \vee \big((x,y) = (0,-\sqrt{-a})\big).
\end{aligned}
$$

III) $b \neq 0 \quad (\Longrightarrow x, y \neq 0)$: Setzen wir abkürzend

$$
\Theta := \frac{a}{2} + \frac{1}{2}\sqrt{a^2 + b^2}
$$

so gilt:

$$
\begin{aligned}
& f(x,y) = (a,b) \\
\Longleftrightarrow\quad & (x^2 - y^2, 2xy) = (a,b) \\
\Longleftrightarrow\quad & \begin{cases} x^2 - \dfrac{b^2}{4x^2} = a \\ y = \dfrac{b}{2x} \end{cases} \\
\Longleftrightarrow\quad & \begin{cases} x^4 - ax^2 - \dfrac{b^2}{4} = 0 \\ y = \dfrac{b}{2x} \end{cases} \qquad \text{(Substitution: } z := x^2\text{)} \\
\Longleftrightarrow\quad & \begin{cases} z^2 - az - \dfrac{b^2}{4} = 0 \\ y = \dfrac{b}{2x} \\ x = z^2 \end{cases} \\
\Longleftrightarrow\quad & \begin{cases} \underbrace{\left(z = \dfrac{a}{2} + \dfrac{1}{2}\sqrt{a^2+b^2}\right)}_{>0} \vee \underbrace{\left(z = \dfrac{a}{2} - \dfrac{1}{2}\sqrt{a^2+b^2}\right)}_{<0} \\ y = \dfrac{b}{2x} \\ x = z^2 \end{cases} \\
\Longleftrightarrow\quad & \begin{cases} \left(x = \sqrt{\Theta}\right) \vee \left(x = -\sqrt{\Theta}\right) \\ y = \dfrac{b}{2x} \end{cases} \\
\Longleftrightarrow\quad & \begin{cases} \quad (x,y) = \left(\sqrt{\Theta}, \dfrac{b}{2\sqrt{\Theta}}\right) \\ \vee \quad (x,y) = \left(-\sqrt{\Theta}, \dfrac{-b}{2\sqrt{\Theta}}\right) \end{cases}
\end{aligned}
$$

Aufgabe 8 B. Es gilt für alle $(x,y) \in \mathbb{R}_+^* \times \mathbb{R}_+^*$

$$\mathrm{grad}\ \mathrm{F(x,y)} = \left((\mathrm{y} - \mathrm{xy})\mathrm{e}^{-\mathrm{x}-\mathrm{y}}, (\mathrm{x} - \mathrm{xy})\mathrm{e}^{-\mathrm{x}-\mathrm{y}}\right),$$

daher verschwindet der Gradient nur, falls

$$(y - xy, x - xy) = (0,0) \Longleftrightarrow (x,y) = (1,1).$$

Somit kann nur in $(1,1)$ ein lokales Extremum vorliegen. Weiter ist

$$\mathrm{Hess\ F(x,y)} = \mathrm{e}^{-\mathrm{x}-\mathrm{y}} \begin{pmatrix} -2y+xy & 1-x-y+xy \\ 1-x-y+xy & -2x+xy \end{pmatrix}$$

und daher

$$\mathrm{Hess\ F}(1,1) = \mathrm{e}^{-2} \begin{pmatrix} -1 & 0 \\ 0 & -1 \end{pmatrix}$$

eine negativ definite Matrix (denn alle Eigenwerte sind negativ, vgl. An. 2, §7, Bemerkung S. 61). Daher besitzt F in $(1,1)$ nach An. 2, §7, Satz 4 b), ein isoliertes lokales Maximum, welches sogar ein absolutes Maximum ist, wie man leicht bestätigt.
Einfacher ist es die Funktion

$$f : \mathbb{R}_+^* \longrightarrow \mathbb{R}, \quad f(x) := xe^{-x}$$

zu untersuchen, da

$$F(x,y) = xye^{-x-y} = (xe^{-x})(ye^{-y}).$$

Da

$$f'(x) = (1-x)e^{-x}, \quad f''(x) = (x-2)e^{-x}$$

besitzt f folgende Eigenschaften:

- f hat in 1 ein isoliertes Maximum.
- f ist in $]0,1]$ streng monoton wachsend.
- f ist in $[1,\infty[$ streng monoton fallend.
- Nach An. 1, §12, Beispiel (12.2) gilt

$$\lim_{x\to\infty} f(x) = \lim_{x\to 0} f(x) = 0.$$

Hieraus folgt unmittelbar, daß F in $(1,1)$ ein absolutes Maximum besitzt und

$$F((\mathbb{R}_+^* \times \mathbb{R}_+^*) \setminus \{(1,1)\}) \subset]0, e^{-2}[.$$

Also besteht die Höhenlinie durch $(1,1)$ nur aus einem Punkt, d.h.

$$N_F(e^{-2}) = \{(1,1)\}.$$

Weiter gilt

$$N_F(c) = \emptyset, \qquad \text{falls } c > e^{-2} \text{ oder } c \leq 0.$$

Da

$$\frac{\partial F}{\partial x}(x,y) = 0 \Longleftrightarrow y - xy = 0 \Longleftrightarrow x = 1$$

und

$$\frac{\partial F}{\partial y}(x,y) = 0 \Longleftrightarrow x - xy = 0 \Longleftrightarrow y = 1$$

läßt sich über die Darstellung der Höhenlinien mittels differenzierbarer Funktionen für $c \in]0, e^{-2}[$ folgende Aussage machen:

(1) Eine Menge

$$\{(x,y) \in I \times J \; : \; F(x,y) = c\}$$

läßt sich in der Form

$$\{(x,y) \in I \times J \; : \; y = \varphi(x)\}$$

mit einer differenzierbaren Funktion $\varphi : I \longrightarrow J$ darstellen, wenn $1 \notin J$ und für alle $x \in I$ ein $y \in J$ mit $F(x,y) = c$ existiert.

(2) Eine Menge

$$\{(x,y) \in I \times J \; : \; F(x,y) = c\}$$

läßt sich in der Form

$$\{(x,y) \in I \times J \; : \; x = \psi(y)\}$$

mit einer differenzierbaren Funktion $\psi : J \longrightarrow I$ darstellen, wenn $1 \notin I$ und für alle $y \in J$ ein $x \in I$ mit $F(x,y) = c$ existiert.

(wobei $I \times J \subset \mathbb{R}_+^* \times \mathbb{R}_+^*$ ein Rechteck ist, d.h. I und J sind offene Intervalle). Eine genauere Charakterisierung der Rechtecke mittels differenzierbarer Funktionen würde mehrfache Fallunterscheidungen fordern, deshalb geben wir hier nur noch ein Skizze der Höhenlinien von f im Bereich $]0,3]^2$ an, vgl. Bild 4.

Bild 4

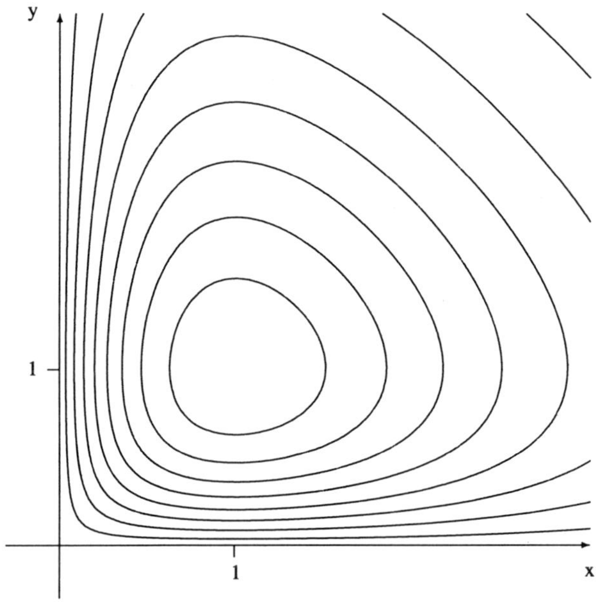

Aufgabe 8 C.

a) Bestimmung der lokalen Extrema von f im Inneren von K, d.h. in

$$\overset{\circ}{K} = \{(x, y) \in \mathbb{R}^2 |\, x^2 + y^2 < 1\} :$$

f ist in $\mathbb{R}^2$ beliebig oft stetig partiell differenzierbar mit

$$\nabla f(x, y) = (8x - 3y, -3x),$$

daher ist nach An. 2, §7, Satz 3, *notwendig* für das Vorliegen eines lokalen Extremum von f in $(x, y) \in \overset{\circ}{K}$:

$$\nabla f(x, y) = (0, 0) \Longleftrightarrow (8x - 3y, -3x) = (0, 0) \Longleftrightarrow (x, y) = (0, 0).$$

Ein hinreichendes Kriterium gibt An. 2, §7, Satz 4, an. Es gilt

$$(\text{Hess } f)(x,y) = \begin{pmatrix} 8 & -3 \\ -3 & 0 \end{pmatrix} = (\text{Hess } f)(0,0).$$

$(\text{Hess } f)(0,0)$ ist aber indefinit, denn

$$\begin{vmatrix} 8-t & -3 \\ -3 & -t \end{vmatrix} = t^2 - 8t - 9 = 0 \Longleftrightarrow t = -1 \vee t = 9$$

($(\text{Hess } f)(0,0)$ hat einen positiven und einen negativen Eigenwert). f besitzt also keine lokalen Extrema in $\overset{\circ}{K}$.

b) Bestimmung der lokalen Extrema von f auf dem Rand von K, d.h. auf

$$\partial K = \{(x,y) \in \mathbb{R}^2 |\ x^2 + y^2 = 1\}.$$

Man bestimmt also die Extrema von f unter der Nebenbedingung

$$g(x,y) := x^2 + y^2 - 1 = 0.$$

Dazu ist nach §8, Satz 4, *notwendig*:

$$\begin{aligned}
& \nabla f(x,y) = \lambda \nabla g(x,y) \\
\Longleftrightarrow\quad & (8x - 3y, -3x) = \lambda(2x, 2y) \\
\Longleftrightarrow\quad & (8x - 3y = 2\lambda x) \wedge (-3x = 2\lambda y) \\
\Longleftrightarrow\quad & ((8 - 2\lambda)x - 3y = 0) \wedge (x = -\tfrac{2}{3}\lambda y) \\
\Longleftrightarrow\quad & ((8 - 2\lambda)\left(-\tfrac{2}{3}\lambda y\right) - 3y = 0) \wedge (x = -\tfrac{2}{3}\lambda y) \\
\Longleftrightarrow\quad & (\left(\tfrac{4}{3}\lambda^2 - \tfrac{16}{3}\lambda - 3\right) y = 0) \wedge (x = -\tfrac{2}{3}\lambda y) \\
\Longleftrightarrow\quad & (\left(\tfrac{4}{3}\lambda^2 - \tfrac{16}{3}\lambda - 3 = 0\right) \vee (y = 0)) \wedge (x = -\tfrac{2}{3}\lambda y)
\end{aligned}$$

I.) $y = 0$: Dann ist auch $x = 0$. Da aber $g(0,0) \neq 0$ ist dieser Fall für uns belanglos.

II.) $y \neq 0$:

$$\frac{4}{3}\lambda^2 - \frac{16}{3}\lambda - 3 = 0 \Longleftrightarrow \left(\lambda = -\frac{1}{2}\right) \vee \left(\lambda = \frac{9}{2}\right).$$

Also nur Punkte der folgenden Form können Extrema sein:

$$\left(\frac{1}{3}y, y\right) \quad \text{bzw.} \quad (-3y, y).$$

Nun gilt weiter:

$$g\left(\frac{1}{3}y, y\right) = \frac{10}{9}y^2 - 1 = 0 \Longleftrightarrow \left(y = -\frac{3}{\sqrt{10}}\right) \vee \left(y = \frac{3}{\sqrt{10}}\right),$$

$$g(-3y, y) = 10y^2 - 1 = 0 \Longleftrightarrow \left(y = -\frac{1}{\sqrt{10}}\right) \vee \left(y = \frac{1}{\sqrt{10}}\right).$$

Also nur die vier folgenden Punkte können Extrema sein

$$\left(-\frac{1}{\sqrt{10}}, -\frac{3}{\sqrt{10}}\right), \quad \left(\frac{1}{\sqrt{10}}, \frac{3}{\sqrt{10}}\right),$$
$$\left(\frac{3}{\sqrt{10}}, -\frac{1}{\sqrt{10}}\right), \quad \left(-\frac{3}{\sqrt{10}}, \frac{1}{\sqrt{10}}\right).$$

Durch Einsetzen der Punkte in f erhält man:

$$f\left(-\frac{1}{\sqrt{10}}, -\frac{3}{\sqrt{10}}\right) = f\left(\frac{1}{\sqrt{10}}, \frac{3}{\sqrt{10}}\right) = -\frac{1}{2},$$

$$f\left(\frac{3}{\sqrt{10}}, -\frac{1}{\sqrt{10}}\right) = f\left(-\frac{3}{\sqrt{10}}, \frac{1}{\sqrt{10}}\right) = \frac{9}{2}.$$

Da ∂K kompakt und f stetig ist, nimmt f nach An. 2, §3, Satz 7, auf ∂K Minimum und Maximum an. Da in $\overset{\circ}{K}$ keine Extrema liegen, gilt:

$$\text{Minima von } f \text{ auf } K: \left(-\frac{1}{\sqrt{10}}, -\frac{3}{\sqrt{10}}\right) \text{ und } \left(\frac{1}{\sqrt{10}}, \frac{3}{\sqrt{10}}\right),$$

$$\text{Maxima von } f \text{ auf } K: \left(\frac{3}{\sqrt{10}}, -\frac{1}{\sqrt{10}}\right) \text{ und } \left(-\frac{3}{\sqrt{10}}, \frac{1}{\sqrt{10}}\right).$$

§9. Integrale, die von einem Parameter abhängen

Aufgabe 9 A. Da $f : [0, x] \times [\frac{1}{2}, 2] \longrightarrow \mathbb{R}$ mit $f(t, y) := e^{-ty}$ eine stetige, nach der zweiten Variablen beliebig oft stetig partiell differenzierbare Funktion ist, läßt sich n–mal An. 2, §9, Satz 2, anwenden, und man erhält

$$F^{(n)}(y) = \int_0^x \frac{\partial^n}{\partial y^n} f(t,y)\,dt = \int_0^x (-t)^n \cdot e^{-ty}\,dt$$

und somit

$$F^{(n)}(1) = \int_0^x (-t)^n \cdot e^{-t}\,dt \Longleftrightarrow \int_0^x t^n \cdot e^{-t}\,dt = \frac{F^{(n)}(1)}{(-1)^n}.$$

Nun gilt außerdem, wie wir im folgenden durch Induktion nach n beweisen:

$$F^{(n)}(y) = \frac{(-1)^n n!}{y^{n+1}} \left(1 - e^{-xy} \sum_{i=0}^{n} \frac{(xy)^i}{i!}\right) \qquad \text{für alle } y \in \left[\frac{1}{2}, 2\right].$$

i) Induktionsanfang: $n = 0$.

$$\begin{aligned} F^{(0)}(y) &= \int_0^x e^{-ty}\,dt \\ &= \frac{-1}{y}(e^{-ty})\Big|_0^x \\ &= \frac{1}{y} - \frac{e^{-xy}}{y} \\ &= \frac{(-1)^0 0!}{y}\left(1 - e^{-xy}\sum_{i=0}^{0}\frac{(xy)^i}{i!}\right). \end{aligned}$$

ii) Induktionsschritt: $n \longrightarrow (n+1)$.

$$\begin{aligned} F^{(n+1)}(y) &= \frac{\partial}{\partial y}\left(F^{(n)}(y)\right) \\ &\overset{\text{(IV)}}{=} \frac{\partial}{\partial y}\left(\frac{(-1)^n n!}{y^{n+1}}\left(1 - e^{-xy}\sum_{i=0}^{n}\frac{(xy)^i}{i!}\right)\right) \\ &= \frac{(-1)^{n+1}(n+1)!}{y^{n+2}}\left(1 - e^{-xy}\sum_{i=0}^{n}\frac{(xy)^i}{i!}\right) \\ &\quad + \frac{(-1)^n n!}{y^{n+1}}\left(xe^{-xy}\sum_{i=0}^{n}\frac{(xy)^i}{i!} - e^{-xy}\sum_{i=1}^{n}\frac{i(xy)^{i-1}x}{i!}\right) \\ &= \frac{(-1)^{n+1}(n+1)!}{y^{n+2}}\left(1 - e^{-xy}\Theta(y)\right), \end{aligned}$$

wobei

$$\begin{aligned}\Theta(y) &= \sum_{i=0}^{n} \frac{(xy)^i}{i!} + \sum_{i=0}^{n} \frac{(xy)^{i+1}}{i!(n+1)} - \sum_{i=1}^{n} \frac{(xy)^i}{(i-1)!(n+1)} \\ &= \sum_{i=0}^{n} \frac{(xy)^i}{i!} + \sum_{i=1}^{n+1} \frac{(xy)^i}{(i-1)!(n+1)} - \sum_{i=1}^{n} \frac{(xy)^i}{(i-1)!(n+1)} \\ &= \sum_{i=0}^{n} \frac{(xy)^i}{i!} + \frac{(xy)^{n+1}}{n!(n+1)} \\ &= \sum_{i=0}^{n+1} \frac{(xy)^i}{i!}.\end{aligned}$$

Damit ist obige Formel bewiesen.

Somit gilt insbesondere

$$F^{(n)}(1) = (-1)^n n! \left(1 - e^{-x} \sum_{i=0}^{n} \frac{x^i}{i!}\right)$$

und damit

$$\int_0^x t^n \cdot e^{-t}\, dt = n! \left(1 - e^{-x} \sum_{i=0}^{n} \frac{x^i}{i!}\right).$$

Aufgabe 9 B. Es sei $G : I \times I \longrightarrow \mathbb{R}$ mit

$$G(y,z) := \int_a^z f(x,y)\, dx.$$

Nach An. 2, §9, Satz 2, ist G nach y stetig partiell differenzierbar mit

$$\frac{\partial G}{\partial y}(y,z) = \int_a^z \frac{\partial f}{\partial y}(x,y)\, dx = \int_a^z D_2 f(x,y)\, dx.$$

Nach An. 1, §19, Satz 1, ist G nach z stetig partiell differenzierbar (da f stetig ist), und es gilt:

$$\frac{\partial G}{\partial z}(y,z) = f(z,y).$$

Also ist G stetig partiell differenzierbar. Definiere nun $\varphi : \mathbb{R} \longrightarrow \mathbb{R}^2$ durch $\varphi(y) := (y, y)$. Dann ist φ trivialerweise stetig partiell differenzierbar, und man schließt mit Hilfe der Kettenregel nun folgendermaßen:

$$\begin{aligned} F'(y) &= \frac{\partial}{\partial y}(G \circ \varphi)(y) \\ &= \left(\int_a^y D_2 f(x,y)\, dx, f(y,y) \right) \cdot \begin{pmatrix} 1 \\ 1 \end{pmatrix} \\ &= f(y,y) + \int_a^y D_2 f(x,y)\, dx. \end{aligned}$$

Aufgabe 9 D. Für $(x, y) \neq (0, 0)$ erhalten wir unter Benutzung der Quotientenregel:

$$\frac{\partial g}{\partial y}(x,y) = \frac{\partial}{\partial y}\left(\frac{xy^3}{(x^2+y^2)^2} \right) = \frac{3x^3y^2 - xy^4}{(x^2+y^2)^3},$$

$$\frac{\partial g}{\partial y}(0,0) = \lim_{h \to 0} \frac{1}{h} g(0,h) = 0.$$

Also gilt für alle $(x, y) \in \mathbb{R}^2$

$$D_2 g(x,y) = \begin{cases} \dfrac{3x^3y^2 - xy^4}{(x^2+y^2)^3}, & \text{falls } (x,y) \neq (0,0) \\ 0, & \text{falls } (x,y) = (0,0) \end{cases}.$$

Für $y \neq 0$ gilt

$$\begin{aligned} f(y) &= \int_0^1 g(x,y)\, dx = \int_0^1 \frac{xy^3}{(x^2+y^2)^2}\, dx = \left(-\frac{y^3}{2(x^2+y^2)} \right) \Big|_{x=0}^{x=1} \\ &= \frac{y^3}{2y^2} - \frac{y^3}{2(1+y^2)} = \frac{y}{2(1+y^2)}, \\ f(0) &= \int_0^1 g(x,0)\, dx = \int_0^1 0\, dx = 0, \end{aligned}$$

also

$$f(y) = \begin{cases} \dfrac{y}{2(y^2+1)}, & \text{falls } y \neq 0 \\ 0, & \text{falls } y = 0 \end{cases}$$

Für $y \neq 0$ ist f trivialerweise differenzierbar, für $y = 0$ erhält man für f':

$$f'(0) = \lim_{h \to 0} \frac{f(h) - f(0)}{h} = \lim_{h \to 0} \frac{1}{2(h^2+1)} = \frac{1}{2}.$$

Für $y \neq 0$ ist f^* differenzierbar, denn

$$f^*(y) = \int_0^1 \frac{\partial}{\partial y} g(x,y)\,dx = \int_0^1 \frac{3x^3y^2 - xy^4}{(x^2+y^2)^3}\,dx$$

existiert, da der Integrand stetig ist (rationale Funktion, die in ganz $[0,1]$ definiert ist). Damit ist

$$f^*(0) = \int_0^1 \frac{\partial}{\partial y} g(x,0)\,dx = \int_0^1 0\,dx = 0$$

und folglich

$$\frac{1}{2} = f'(0) \neq f^*(0) = 0.$$

Aufgabe 9 E. Da f stetig ist, existiert das Doppelintegral. Aus Symmetriegründen gilt ferner

$$\int_{-1}^1 \int_{-1}^1 f(x,y)\,dx\,dy = 4 \int_0^1 \int_0^1 f(x,y)\,dx\,dy.$$

Da

$$\int_0^1 \int_0^1 f(x,y)\,dx\,dy = \int_0^1 \left(\int_0^{\sqrt{1-y^2}} f(x,y)\,dx + \int_{\sqrt{1-y^2}}^1 \underbrace{f(x,y)}_{=0}\,dx \right) dy$$

$$= \int_0^1 \underbrace{\int_0^{\sqrt{1-y^2}} \sqrt{1-x^2-y^2}\,dx}_{=:\,\Theta(y)}\,dy,$$

berechnen wird zunächst $\Theta(y)$ für alle $y \in [0,1]$. Für $y \neq 1$ erhält man unter Verwendung der Integrationsformel

$$\int \sqrt{a^2 - x^2}\, dx = \frac{x}{2}\sqrt{a^2 - x^2} + \frac{a^2}{2} \arcsin \frac{x}{a} \qquad (a > 0,\ x \in [-a, a])$$

(vgl. [7], Abschnitt 1.1.3.3, Formel 157) folgendes:

$$\begin{aligned}
\Theta(y) &= \int_0^{\sqrt{1-y^2}} \sqrt{(1-y^2) - x^2}\, dx \\
&= \left(\frac{x}{2}\sqrt{1-y^2-x^2} + \frac{1-y^2}{2} \arcsin \frac{x}{\sqrt{1-y^2}} \right) \Bigg|_{x=0}^{x=\sqrt{1-y^2}} \\
&= \frac{\sqrt{1-y^2}}{2}\sqrt{1-y^2-(1-y^2)} + \frac{1-y^2}{2} \arcsin \frac{\sqrt{1-y^2}}{\sqrt{1-y^2}} \\
&= \frac{\pi}{4}(1-y^2).
\end{aligned}$$

Also

$$\Theta(y) = \frac{\pi}{4}(1-y^2) \qquad \text{für alle } y \in [0,1],$$

da $\Theta(1) = 0$ trivialerweise gilt. Daher erhält man für das gesuchte Doppelintegral nach obigen Vorüberlegungen

$$\begin{aligned}
\int_{-1}^{1}\int_{-1}^{1} f(x,y)\, dx\, dy &= 4\int_0^1 \Theta(y)\, dy \\
&= 4\int_0^1 \frac{\pi}{4}(1-y^2)\, dy \\
&= \pi \left(y - \frac{y^3}{3} \right) \Bigg|_0^1 \\
&= \frac{2}{3}\pi.
\end{aligned}$$

Bild 5

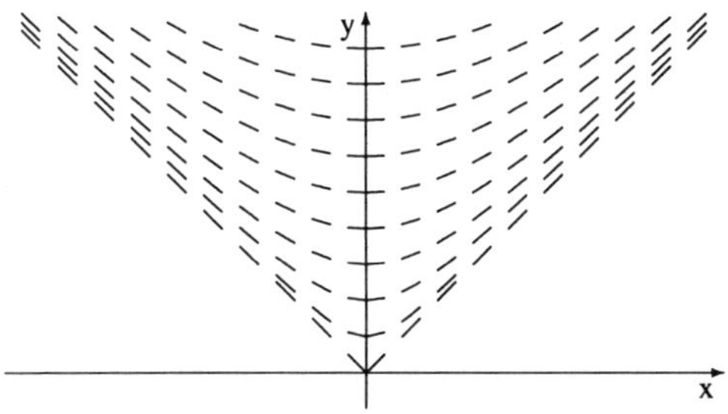

§10. Existenz– und Eindeutigkeitssatz

Aufgabe 10 A. Bild 5 zeigt eine Skizze für das Richtungsfeld der angegebenen Differentialgleichung in $\mathbb{R} \times \mathbb{R}_+^*$. Für die Lösung $\varphi : \mathbb{R} \longrightarrow \mathbb{R}$ der Differentialgleichung, die der Anfangsbedingung $\varphi(0) = c$, $(c > 0)$, genügt, gilt $\varphi(x) = \sqrt{x^2 + c^2}$.

Aufgabe 10 B. Setze

$$\begin{cases} f : \mathbb{R} \times \mathbb{R}^2 \longrightarrow \mathbb{R}^2, \\ f(x,y) := \begin{pmatrix} 0 & -1 \\ 1 & 0 \end{pmatrix} y. \end{cases}$$

Mit $y := (y_1, y_2)$ gilt dann

$$f(x,y) = \begin{pmatrix} 0 & -1 \\ 1 & 0 \end{pmatrix} \cdot \begin{pmatrix} y_1 \\ y_2 \end{pmatrix} = \begin{pmatrix} -y_2 \\ y_1 \end{pmatrix}.$$

Da f stetig ist und global einer Lipschitz–Bedingung genügt, denn es gilt für alle $(x,y), (x,y') \in \mathbb{R} \times \mathbb{R}^2$ mit $y := (y_1, y_2)$ und $y' := (y_1', y_2')$

$$\begin{aligned} \|f(x,y) - f(x,y')\| &= \|(-y_2, y_1) - (-y_2', y_1')\| \\ &= \sqrt{(y_2' - y_2)^2 + (y_1 - y_1')^2} \\ &= \sqrt{(y_1 - y_1')^2 + (y_2 - y_2')^2} \\ &= 1 \cdot \|y - y'\|, \end{aligned}$$

läßt sich das Verfahren von Picard–Lindelöf auf $y' = f(x, y)$ anwenden. Wir kommen nun zur Berechnung von φ. Es gilt nach An. 2, §10, Satz 3,

$$\begin{cases} \varphi = \lim_{n\to\infty} \varphi_n, \\ \varphi_0(x) = \begin{pmatrix}1\\0\end{pmatrix} \qquad \text{für alle } x \in \mathbb{R}, \\ \varphi_{n+1}(x) = \begin{pmatrix}1\\0\end{pmatrix} + \int\limits_0^x f(t, \varphi_n(t))\,dt \qquad \text{für alle } x \in \mathbb{R}, n \in \mathbb{N}. \end{cases}$$

Zunächst beweisen wir induktiv, daß für alle $n \in \mathbb{N}$

$$\begin{cases} \varphi_{2n}(x) = \begin{pmatrix} \sum\limits_{i=0}^{n} \frac{(-1)^i}{(2i)!} x^{2i} \\ \sum\limits_{i=1}^{n} \frac{(-1)^{i-1}}{(2i-1)!} x^{2i-1} \end{pmatrix}, \\ \varphi_{2n+1}(x) = \begin{pmatrix} \sum\limits_{i=0}^{n} \frac{(-1)^i}{(2i)!} x^{2i} \\ \sum\limits_{i=1}^{n+1} \frac{(-1)^{i-1}}{(2i-1)!} x^{2i-1} \end{pmatrix} \end{cases}$$

erfüllt ist.

i) Induktionsanfang: $n = 0$.

$$\varphi_0(x) = \begin{pmatrix}1\\0\end{pmatrix} = \begin{pmatrix} \frac{(-1)^0}{(2\cdot 0)!} x^0 \\ \sum\limits_{i=1}^{0} \frac{(-1)^{i-1}}{(2i-1)!} x^{2i-1} \end{pmatrix},$$

$$\varphi_1(x) = \begin{pmatrix}1\\0\end{pmatrix} + \int\limits_0^x f(t, \varphi_0(t))\,dt = \begin{pmatrix}1\\0\end{pmatrix} + \int\limits_0^x f\left(t, \begin{pmatrix}1\\0\end{pmatrix}\right)\,dt$$

$$= \begin{pmatrix}1\\0\end{pmatrix} + \int_0^x \begin{pmatrix}0\\1\end{pmatrix} dt = \begin{pmatrix}1\\0\end{pmatrix} + \begin{pmatrix}0\\x\end{pmatrix} = \begin{pmatrix}1\\x\end{pmatrix}$$

$$= \begin{pmatrix} \frac{(-1)^0}{(2\cdot 0)!}x^0 \\ \frac{(-1)^{1-1}}{(2-1)!}x^{2-1} \end{pmatrix}.$$

ii) Induktionsschritt: $n \longrightarrow (n+1)$.
Es gelte die Behauptung für ein $n \in \mathbb{N}$, dann ist zu zeigen, daß sie auch für $n+1$ gilt:

$$\begin{aligned}
\varphi_{2(n+1)}(x) &= \varphi_{2n+2}(x) \\
&= \begin{pmatrix}1\\0\end{pmatrix} + \int_0^x f(t, \varphi_{2n+1}(t))\, dt \\
&\overset{(IV)}{=} \begin{pmatrix}1\\0\end{pmatrix} + \int_0^x \begin{pmatrix} -\sum\limits_{i=1}^{n+1} \frac{(-1)^{i-1}}{(2i-1)!}t^{2i-1} \\ \sum\limits_{i=0}^{n} \frac{(-1)^i}{(2i)!}t^{2i} \end{pmatrix} dt \\
&= \begin{pmatrix}1\\0\end{pmatrix} + \begin{pmatrix} -\sum\limits_{i=1}^{n+1} \frac{(-1)^{i-1}}{(2i-1)!}\int_0^x t^{2i-1}\, dt \\ \sum\limits_{i=0}^{n} \frac{(-1)^i}{(2i)!}\int_0^x t^{2i}\, dt \end{pmatrix} \\
&= \begin{pmatrix}1\\0\end{pmatrix} + \begin{pmatrix} \sum\limits_{i=1}^{n+1} \frac{(-1)^i}{(2i)!}x^{2i} \\ \sum\limits_{i=0}^{n} \frac{(-1)^i}{(2i+1)!}x^{2i+1} \end{pmatrix}
\end{aligned}$$

$$= \begin{pmatrix} \sum_{i=0}^{n+1} \frac{(-1)^i}{(2i)!} x^{2i} \\ \sum_{i=1}^{n+1} \frac{(-1)^{i-1}}{(2i-1)!} x^{2i-1} \end{pmatrix}$$

und

$$\begin{aligned}
\varphi_{2(n+1)+1}(x) &= \varphi_{2n+3}(x) \\
&= \begin{pmatrix} 1 \\ 0 \end{pmatrix} + \int_0^x f(t, \varphi_{2n+2}(t))\, dt \\
&= \begin{pmatrix} 1 \\ 0 \end{pmatrix} + \int_0^x \begin{pmatrix} -\sum_{i=1}^{n+1} \frac{(-1)^{i-1}}{(2i-1)!} t^{2i-1} \\ \sum_{i=0}^{n+1} \frac{(-1)^i}{(2i)!} t^{2i} \end{pmatrix} dt \\
&= \begin{pmatrix} 1 \\ 0 \end{pmatrix} + \begin{pmatrix} \sum_{i=1}^{n+1} \frac{(-1)^i}{(2i-1)!} \int_0^x t^{2i-1}\, dt \\ \sum_{i=0}^{n+1} \frac{(-1)^i}{(2i)!} \int_0^x t^{2i}\, dt \end{pmatrix} \\
&= \begin{pmatrix} 1 \\ 0 \end{pmatrix} + \begin{pmatrix} \sum_{i=1}^{n+1} \frac{(-1)^i}{(2i)!} x^{2i} \\ \sum_{i=0}^{n+1} \frac{(-1)^i}{(2i+1)!} x^{2i+1} \end{pmatrix} \\
&= \begin{pmatrix} \sum_{i=0}^{n+1} \frac{(-1)^i}{(2i)!} x^{2i} \\ \sum_{i=1}^{n+2} \frac{(-1)^{i-1}}{(2i-1)!} x^{2i-1} \end{pmatrix}.
\end{aligned}$$

Nun gilt unter Benutzung von An. 1, §14, Satz 4,

$$\begin{aligned}
\varphi(x) &= \lim_{n\to\infty} \varphi_n(x) = \lim_{n\to\infty} \varphi_{2n}(x) \\
&= \lim_{n\to\infty} \begin{pmatrix} \displaystyle\sum_{i=0}^{n} \frac{(-1)^i}{(2i)!} x^{2i} \\ \displaystyle\sum_{i=1}^{n} \frac{(-1)^{i-1}}{(2i-1)!} x^{2i-1} \end{pmatrix} \\
&= \begin{pmatrix} \displaystyle\sum_{i=0}^{\infty} \frac{(-1)^i}{(2i)!} x^{2i} \\ \displaystyle\sum_{i=0}^{\infty} \frac{(-1)^{i+1}}{(2i+1)!} x^{2i+1} \end{pmatrix} \\
&= \begin{pmatrix} \cos x \\ \sin x \end{pmatrix},
\end{aligned}$$

also ist

$$\begin{cases} \varphi : \mathbb{R} \longrightarrow \mathbb{R}^2 \\ \varphi(x) = \begin{pmatrix} \cos x \\ \sin x \end{pmatrix} \end{cases}$$

die Lösung des Differentialgleichungssystems.

Aufgabe 10 C. Es sei $\varphi : [-r, r] \longrightarrow \mathbb{R}$, $r > 0$, eine Lösung der Differentialgleichung $y' = f(x, y)$ und $\psi : [-r, r] \longrightarrow \mathbb{R}$ definiert durch

$$\psi(x) := \varphi(-x) \quad \text{für alle } x \in [-r, r].$$

Dann ist auch ψ eine Lösung der Differentialgleichung, denn

$$\begin{aligned}
\psi'(x) &= (\varphi(-x))' = -\varphi'(-x) = -f(-x, \varphi(-x)) \\
&\overset{\text{(Vor.)}}{=} f(x, \varphi(-x)) = f(x, \psi(x)).
\end{aligned}$$

Nach Voraussetzung ist f stetig und genügt lokal einer Lipschitz–Bedingung. Da $\psi(0) = \varphi(0)$, folgt aus dem Eindeutigkeitssatz (An. 2, §10, Satz 2), daß $\psi(x) = \varphi(x)$ für alle $x \in [-r, r]$.

Aufgabe 10 D. Da f stetig ist und global einer Lipschitz–Bedingung genügt, genügt f erst recht lokal einer Lipschitz–Bedingung. Daher gelten die Voraussetzungen von An. 2, §10, Satz 2 (Eindeutigkeitssatz) und Satz 3 (Existenzsatz von Picard–Lindelöf). Genauer gilt nach dem Beweis von An. 2, §10, Satz 3:

$$\begin{cases} \varphi = \lim\limits_{n\to\infty} \varphi_n, \text{ wobei } \varphi_n : I \longrightarrow \mathbb{R}^n \text{ mit} \\ \varphi_0(x) := \varphi(a), \\ \varphi_{n+1}(x) := \varphi(a) + \int\limits_a^x f(t, \varphi_n(t))\, dt \qquad (n \in \mathbb{N}) \end{cases}$$

und

$$\begin{cases} \psi = \lim\limits_{n\to\infty} \psi_n, \text{ wobei } \psi_n : I \longrightarrow \mathbb{R}^n \text{ mit} \\ \psi_0(x) := \psi(a), \\ \psi_{n+1}(x) := \psi(a) + \int\limits_a^x f(t, \psi_n(t))\, dt \qquad (n \in \mathbb{N}). \end{cases}$$

(*Bemerkung.* Insbesondere gilt nach An. 2, §10, Satz 2, daß $\varphi = \psi$, falls $\varphi(a) = \psi(a)$, und die Behauptung ist trivialerweise erfüllt.)
Zunächst beweisen wir durch Induktion, daß

$$\|\varphi_n(x) - \psi_n(x)\| \le \delta \cdot \sum_{k=0}^{n} \frac{(L \cdot |x-a|)^k}{k!}$$

für alle $n \in \mathbb{N}$ erfüllt ist.

i) Induktionsanfang: $n = 0$.

$$\|\varphi_0(x) - \psi_0(x)\| = \|\varphi(a) - \psi(a)\| = \delta \le \delta \cdot \underbrace{\sum_{k=0}^{0} \frac{(L \cdot |x-a|)^k}{k!}}_{=1}.$$

ii) Induktionsschritt : $n \longrightarrow (n+1)$.
Es gelte die Behauptung für ein $n \in \mathbb{N}$, dann ist zu zeigen, daß sie auch für $n+1$ gilt, wie man mit Hilfe von An. 2, §6, Hilfssatz S. 53, folgendermaßen bestätigt:

$$\begin{aligned} &\|\varphi_{n+1}(x) - \psi_{n+1}(x)\| \\ = \; &\left\| \varphi(a) + \int\limits_a^x f(t, \varphi_n(t))\, dt - \psi(a) - \int\limits_a^x f(t, \psi_n(t))\, dt \right\| \end{aligned}$$

$$
\begin{aligned}
&\leq \quad \|\varphi(a) - \psi(a)\| + \left\| \int_a^x \left(f(t,\varphi_n(t)) - f(t,\psi_n(t))\right) dt \right\| \\
&\leq \quad \delta + \int_a^x \|f(t,\varphi_n(t)) - f(t,\psi_n(t))\| \, dt \\
&\leq \quad \delta + \int_a^x L \cdot \|\varphi_n(t) - \psi_n(t)\| \, dt \\
&\qquad \text{(globale Lipschitz–Bedingung)} \\
&\leq \quad \delta + \int_a^x L \cdot \delta \cdot \sum_{k=0}^{n} \frac{(L \cdot |t-a|)^k}{k!} \, dt \\
&\qquad \text{(Induktionsvoraussetzung)} \\
&= \quad \delta + \sum_{k=0}^{n} \frac{L^{k+1}}{k!} \cdot \delta \cdot \int_a^x |t-a|^k \, dt \\
&= \quad \delta + \sum_{k=0}^{n} \frac{L^{k+1}}{k!} \cdot \delta \cdot \left(\frac{|t-a|^{k+1}}{(k+1)!} \right) \Big|_a^x \\
&= \quad \delta + \sum_{k=0}^{n} \frac{L^{k+1}}{k!} \cdot \delta \cdot \frac{|x-a|^{k+1}}{(k+1)!} \\
&= \quad \delta + \sum_{k=1}^{n+1} \frac{L^k}{k!} \cdot \delta \cdot |x-a|^k \\
&= \quad \delta \cdot \sum_{k=0}^{n+1} \frac{(L \cdot |x-a|)^k}{k!}.
\end{aligned}
$$

Nun gilt unter Berücksichtigung der Stetigkeit der Normfunktion:

$$
\begin{aligned}
\|\varphi(x) - \psi(x)\| &= \|\lim_{n\to\infty} \varphi_n(x) - \lim_{n\to\infty} \psi_n(x)\| \\
&= \|\lim_{n\to\infty} (\varphi_n(x) - \psi_n(x))\| \\
&= \lim_{n\to\infty} \|\varphi_n(x) - \psi_n(x)\| \\
&\leq \lim_{n\to\infty} \left(\delta \cdot \sum_{k=0}^{n} \frac{(L \cdot |x-a|)^k}{k!} \right)
\end{aligned}
$$

$$\begin{aligned} &\leq \quad \delta \cdot \sum_{k=0}^{\infty} \frac{(L \cdot |x-a|)^k}{k!} \\ &= \quad \delta \cdot e^{L \cdot |x-a|}, \end{aligned}$$

was zu beweisen war.

Aufgabe 10 E.

a) Da I kompakt ist, existiert $\|\varphi\|$ für jedes $\varphi \in C$. Außerdem sind die Normaxiome erfüllt, denn es gilt für alle $\lambda \in \mathbb{R}$ und alle $\varphi, \psi \in C$:

(1) $\|\varphi\| = 0 \Longleftrightarrow \sup_{x \in I} \|\varphi(x)\| = 0 \Longleftrightarrow \|\varphi(x)\| = 0$ für alle $x \in I$
$\Longleftrightarrow \varphi(x) = 0$ für alle $x \in I \Longleftrightarrow \varphi = 0$.

(2) $\|\lambda\varphi\| = \sup_{x \in I} \|\lambda\varphi(x)\| = \sup_{x \in I}(|\lambda| \cdot \|\varphi(x)\|) = |\lambda| \sup_{x \in I} \|\varphi(x)\|$
$= |\lambda| \cdot \|\varphi\|$.

(3) Es gilt

$$\begin{aligned} \|\varphi + \psi\| &= \sup_{x \in I} \|\varphi(x) + \psi(x)\| \\ &\leq \sup_{x \in I} (\|\varphi(x)\| + \|\psi(x)\|) \\ &\leq \sup_{x \in I} \|\varphi(x)\| + \sup_{x \in I} \|\psi(x)\| \\ &= \|\varphi\| + \|\psi\|. \end{aligned}$$

Nun zum Beweis der Vollständigkeit von C bezüglich der Norm $\| \ \|$. Dazu sei $\varepsilon > 0$ beliebig gegeben, und $(\varphi_n)_{n \in \mathbb{N}}$ sei eine beliebige Cauchy–Folge in C. Dann gibt es ein $N \in \mathbb{N}$, so daß

$$\|\varphi_n - \varphi_m\| < \frac{\varepsilon}{4} \qquad \text{für alle } n, m \geq N.$$

Da außerdem nach Voraussetzung

$$\|\varphi_n - \varphi_m\| = \sup_{x \in I} \|\varphi_n(x) - \varphi_m(x)\|$$

erfüllt ist, gilt ferner

$$(*) \qquad \|\varphi_n(x) - \varphi_m(x)\| < \frac{\varepsilon}{4} \qquad \text{für alle } x \in I \text{ und alle } n, m \geq N.$$

Da $(\mathbb{R}^n, \| \ \|)$ vollständig ist, konvergiert $(\varphi_n(x))_{n\in\mathbb{N}}$ für jedes $x \in I$, d.h. es gibt eine Funktion $\varphi : I \longrightarrow \mathbb{R}^n$ mit $\lim\limits_{n\to\infty} \varphi_n(x) = \varphi(x)$ für alle $x \in I$. Durch Grenzübergang $m \to \infty$ in der Gleichung $(*)$ folgt damit

$$\|\varphi_n(x) - \varphi(x)\| \leq \frac{\varepsilon}{4} < \frac{\varepsilon}{2} \qquad \text{für alle } x \in I \text{ und alle } n \geq N.$$

Damit konvergiert $(\varphi_n)_{n\in\mathbb{N}}$ gleichmäßig gegen φ, und da alle φ_n stetig sind, ist nach An. 1, §21, Satz 1, auch φ stetig, also $\varphi \in C$. Daß (φ_n) bzgl. der in der Aufgabe definierten Norm gegen φ konvergiert, läßt sich nun leicht zeigen:

$$\|\varphi_n(x) - \varphi(x)\| < \frac{\varepsilon}{2} \qquad \text{für alle } x \in I \text{ und } n \geq N$$

$$\Longrightarrow \quad \sup_{x\in I} \|\varphi_n(x) - \varphi(x)\| \leq \frac{\varepsilon}{2} \qquad \text{für alle } n \geq N$$

(es gilt sogar „<“ nach An. 2, §3, Satz 7)

$$\Longrightarrow \quad \|\varphi_n - \varphi\| \leq \frac{\varepsilon}{2} < \varepsilon \qquad \text{für alle } n \geq N.$$

b) Es ist zu zeigen, daß $C \setminus A$ eine offene Menge ist. Dazu sei $f \in C \setminus A$ beliebig, dann existiert nach Voraussetzung ein $\xi \in I$ mit $\|f(\xi) - c\| > r$. Da I kompakt und $x \longmapsto \|f(x) - c\|$ stetig ist, nimmt $x \longmapsto \|f(x) - c\|$ Minimum und Maximum auf I an, daher sei o.B.d.A. obiges $\xi \in I$ so gewählt, daß

$$\|f(\xi) - c\| \geq \|f(x) - c\| \qquad \text{für alle } x \in I.$$

Setze $\delta := \|f(\xi) - c\| > r$ und $\varepsilon := \delta - r > 0$. Im folgenden zeigen wir, daß $B(f, \varepsilon) \subset C \setminus A$ gilt, und damit ist $C \setminus A$ eine offene Menge. Sei $g \in B(f, \varepsilon)$ beliebig, dann gilt

$$\begin{aligned}
\|f - g\| < \varepsilon \quad &\Longrightarrow \quad \sup_{x\in I} \|f(x) - g(x)\| < \varepsilon \\
&\Longrightarrow \quad \|f(\xi) - g(\xi)\| < \varepsilon \\
&\Longrightarrow \quad \|(f(\xi) - c) + (c - g(\xi))\| < \varepsilon \\
&\Longrightarrow \quad \|(f(\xi) - c)\| - \|(c - g(\xi))\| < \varepsilon \\
&\Longrightarrow \quad \|(g(\xi) - c)\| > \|(f(\xi) - c)\| - \varepsilon \\
&\Longrightarrow \quad \|(g(\xi) - c)\| > \delta - \varepsilon = r \\
&\Longrightarrow \quad g \in C \setminus A,
\end{aligned}$$

unter Verwendung der umgekehrten Dreiecksungleichung.

(Ist $(V, \|\ \|)$ ein beliebiger normierter Vektorraum und sind $x, y \in V$, so gilt

$$\|x+y\| \geq \|x\| - \|y\|,$$

denn aus der Dreiecksungleichung folgt

$$\begin{aligned} & \|x+y+(-y)\| \leq \|x+y\| + \|-y\| \\ \Longrightarrow\quad & \|x\| \leq \|x+y\| + \|y\| \\ \Longrightarrow\quad & \|x+y\| \geq \|x\| - \|y\|.) \end{aligned}$$

c) Es sei $\varphi \in A$ beliebig und es sei $(\varphi_n)_{n\in\mathbb{N}}$ eine Folge aus A mit $\lim\limits_{n\to\infty} \varphi_n = \varphi$. Da f in V einer Lipschitz–Bedingung genügt, gilt für alle $x \in I$

$$\|f(x,\varphi(x)) - f(x,\varphi_n(x))\| \leq L \cdot \|\varphi(x) - \varphi_n(x)\|,$$

und da die Folge $(\varphi_n)_{n\in\mathbb{N}}$ nach Voraussetzung gleichmäßig gegen φ konvergiert, konvergiert auch die Folge $(f(x,\varphi_n(x)))_{n\in\mathbb{N}}$ gleichmäßig gegen $f(x,\varphi(x))$. Somit erhalten wir unter Benutzung von An. 1, §21, Satz 4,

$$\begin{aligned} \lim_{n\to\infty} (T\varphi_n)(x) &= \lim_{n\to\infty} \left(c + \int_a^x f(t,\varphi_n(t))\,dt \right) \\ &= c + \lim_{n\to\infty} \int_a^x f(t,\varphi_n(t))\,dt \\ &= c + \int_a^x \lim_{n\to\infty} f(t,\varphi_n(t))\,dt \\ &= c + \int_a^x f(t,\varphi(t))\,dt \\ & \quad \text{(da } f \text{ stetig ist)} \\ &= (T\varphi)(x) \qquad \text{für alle } x \in I \end{aligned}$$

bzw. $\lim\limits_{n\to\infty} T\varphi_n = T\varphi$, womit die Stetigkeit von T bewiesen ist.

Für je zwei Funktionen $\varphi, \psi \in A$ gilt weiter mit Hilfe von An. 2, §6, Hilfssatz S. 53,

$$\begin{aligned}
\|T\varphi - T\psi\| &= \sup_{x\in I} \|(T\varphi)(x) - (T\psi)(x)\| \\
&= \sup_{x\in I} \left\| c + \int_a^x f(t,\varphi(t))\,dt - c - \int_a^x f(t,\psi(t))\,dt \right\| \\
&\le \sup_{x\in I} \left| \int_a^x \|f(t,\varphi(t)) - f(t,\psi(t))\|\,dt \right| \\
&\le \sup_{x\in I} \left| \int_a^x L\cdot \|\varphi(t) - \psi(t)\|\,dt \right| \\
&\le \sup_{x\in I} \left| \int_a^x L\cdot \sup_{t\in I} \|\varphi(t) - \psi(t)\|\,dt \right| \\
&\le \sup_{x\in I} \left| \int_a^x L\cdot \|\varphi - \psi\|\,dt \right| \\
&= L\cdot \|\varphi - \psi\| \cdot \sup_{x\in I} |x-a| \\
&= L\cdot \|\varphi - \psi\| \cdot (a+\varepsilon-a) \\
&= L\cdot \varepsilon \cdot \|\varphi - \psi\|.
\end{aligned}$$

d) Sei $\varphi \in A$ beliebig und $\varepsilon \le r/M$, dann schließen wir mit An. 2, §6, Hilfssatz S. 53, für alle $x \in I$ folgendermaßen:

$$\begin{aligned}
\|(T\varphi)(x) - c\| &\le \left\| \int_a^x f(t,\varphi(t))\,dt \right\| \\
&\le \left| \int_a^x \|f(t,\varphi(t))\|\,dt \right| \\
&\le \left| \int_a^x M\,dt \right| \\
&= M\cdot |x-a| \\
&\le M\cdot (a+\varepsilon-a) \\
&\le M\cdot \tfrac{r}{M} = r.
\end{aligned}$$

Daher ist $T(\varphi) \in A$ für alle $\varphi \in A$ und somit $T(A) \subset A$ gezeigt.

Sei nun

$$\varepsilon < \min\left(\frac{r}{M}, \frac{1}{2}L\right).$$

Um zu zeigen, daß es genau ein $\varphi \in A$ gibt mit $T\varphi = \varphi$, sind nur die Voraussetzungen von Aufgabe 2 F zu bestätigen:

(1) C ist ein vollständiger normierter Raum nach a) und bzgl. der in An. 2, §1, Satz 1, definierten Metrik ein vollständiger metrischer Raum.

(2) $A \subset C$ ist eine abgeschlossene Menge nach b).

(3) Da $\varepsilon < \min(\frac{r}{M}, \frac{1}{2}L)$ ist erst recht $\varepsilon < \frac{r}{M}$ und damit $T(A) \subset A$.

(4) Nach c) gilt für je zwei Funktionen $\varphi, \psi \in A$

$$\|T\varphi - T\psi\| \leq L \cdot \varepsilon \cdot \|\varphi - \psi\|$$

und da $\varepsilon < \frac{1}{2}L$ gilt somit

$$\|T\varphi - T\psi\| \leq \underbrace{\frac{1}{2}}_{\in[0,1[} \|\varphi - \psi\|.$$

§11. Elementare Lösungsmethoden

Aufgabe 11 A.

a) Wir definieren $f, g : \mathbb{R} \longrightarrow \mathbb{R}$ durch

$$f(x) := \cos x, \qquad g(y) := e^y,$$

dann sind f und g stetig, und es gilt $g(y) \neq 0$ für alle $y \in \mathbb{R}$. Die Differentialgleichung $y' = e^y \cos x$ läßt sich unter Verwendung der Bezeichnungen von An. 2, §11, Satz 1, wie folgt lösen. Es gilt für $F : \mathbb{R} \longrightarrow \mathbb{R}$ und $G : \mathbb{R} \longrightarrow \mathbb{R}$

$$F(x) := \int_{x_0}^{x} f(t)\,dt = \int_{x_0}^{x} \cos t\,dt = \sin x - \sin x_0,$$

$$G(y) := \int_{y_0}^{y} \frac{1}{g(t)}\,dt = \int_{y_0}^{y} e^{-t}\,dt = e^{-y_0} - e^{-y}.$$

Da $G(\mathbb{R}) =]-\infty, e^{-y_0}[$, sei $I' \subset \mathbb{R}$ ein Intervall mit $x_0 \in I'$ und $F(I') \subset]-\infty, e^{-y_0}[$, d.h.

$$I' \subset \{x \in \mathbb{R} \ : \ \sin x < e^{-y_0} + \sin x_0\},$$

dann gilt für die Lösung $\varphi : I' \longrightarrow \mathbb{R}$ mit $\varphi(x_0) = y_0$:

$$\begin{aligned} & G(\varphi(x)) = F(x) \\ \iff \quad & e^{-y_0} - e^{-\varphi(x)} = \sin x - \sin x_0 \\ \iff \quad & e^{-\varphi(x)} = e^{-y_0} + \sin x_0 - \sin x \\ \iff \quad & \varphi(x) = -\ln\left(e^{-y_0} + \sin x_0 - \sin x\right) \end{aligned}$$

für alle $x \in I'$.

b) Löst man analog wie a). Man erhält für die Lösung $\varphi : I' \longrightarrow \mathbb{R}$ der Differentialgleichung mit $\varphi(x_0) = y_0$

$$\varphi(x) = \sin(x - x_0 + \arcsin y_0),$$

wobei I' ein Intervall mit $x_0 \in I$ und

$$I' \subset \left]-\frac{\pi}{2} - \arcsin y_0 + x_0, \frac{\pi}{2} - \arcsin y_0 + x_0\right[.$$

c) Löst man analog wie a). Man erhält für die Lösung $\varphi : I' \longrightarrow \mathbb{R}$ der Differentialgleichung mit $\varphi(x_0) = y_0$

$$\varphi(x) = \sqrt{y_0^2 - 2(x_0 - x)\sqrt{1 - y_0^2} - (x_0 - x)^2},$$

wobei I' ein Intervall mit $x_0 \in I$ und

$$I' \subset \left]\sqrt{1 - y_0^2} - 1 + x_0, \sqrt{1 - y_0^2} + x_0\right[.$$

d) Da

$$y' = (a^2 + x^2) \cdot (b^2 + y^2) =: f(x, y)$$

und f offenbar für alle a, $b \in \mathbb{R}$ stetig und nach y stetig partiell differenzierbar ist, gilt mit An. 2, §10, Satz 1, der Eindeutigkeitssatz. Für die Lösung φ der obigen Differentialgleichung durch den Punkt $(x_0, y_0) \in \mathbb{R}^2$ gilt dann folgendes:

I) $b = 0$:

i) $y_0 = 0$: Dann ist $\varphi = 0$ eine Lösung der obigen Differentialgleichung durch (x_0, y_0) und damit nach dem Eindeutigkeitssatz die einzige Lösung.

ii) $y_0 \neq 0$: Nach dem Eindeutigkeitssatz folgt dann mit i), daß $\varphi(x) \neq 0$ für alle x aus dem Definitionsbereich von φ. Die Lösung bestimmen wir nun mittels An. 2, §11, Satz 1. Dazu definieren wir

$$\begin{cases} f : \mathbb{R} \longrightarrow \mathbb{R}, \\ f(x) := a^2 + x^2 \end{cases} \quad \text{und} \quad \begin{cases} g : J \longrightarrow \mathbb{R}, \\ g(y) := b^2 + y^2 = y^2, \end{cases}$$

wobei entweder $J =]0, \infty[$ oder $J =]-\infty, 0[$, je nachdem ob $x_0 \in]0, \infty[$ oder $x_0 \in]-\infty, 0[$. Dann ist $g(y) \neq 0$ für alle $y \in J$ und für $F : \mathbb{R} \longrightarrow \mathbb{R}$ und $G : J \longrightarrow \mathbb{R}$ erhält man

$$\begin{aligned} F(x) &:= \int_{x_0}^{x} f(t)\, dt = \int_{x_0}^{x} (a^2 + t^2)\, dt \\ &= a^2 x + \frac{x^3}{3} - a^2 x_0 - \frac{x_0^3}{3}, \end{aligned}$$

$$G(y) := \int_{y_0}^{y} \frac{1}{g(t)}\, dt = \int_{y_0}^{y} \frac{1}{t^2}\, dt = \frac{1}{y_0} - \frac{1}{y}.$$

Für die Lösung φ der Differentialgleichung folgt dann

$$\begin{aligned} & G(\varphi(x)) = F(x) \\ \Longleftrightarrow\quad & \frac{1}{y_0} - \frac{1}{\varphi(x)} = a^2 x + \frac{x^3}{3} - a^2 x_0 - \frac{x_0^3}{3} \\ \Longleftrightarrow\quad & \frac{1}{\varphi(x)} = \frac{1}{y_0} - a^2 x - \frac{x^3}{3} + a^2 x_0 + \frac{x_0^3}{3} \\ \Longleftrightarrow\quad & \varphi(x) = \frac{1}{\frac{1}{y_0} - a^2 x - \frac{x^3}{3} + a^2 x_0 + \frac{x_0^3}{3}} \end{aligned}$$

für alle x aus einer kleinen Umgebung um x_0.

II) $b \neq 0$: Die Lösung läßt sich mittels An. 2, §11, Satz 1, leicht bestimmen. Dazu definieren wir

$$\begin{cases} f : \mathbb{R} \longrightarrow \mathbb{R}, \\ f(x) := a^2 + x^2 \end{cases} \quad \text{und} \quad \begin{cases} g : \mathbb{R} \longrightarrow \mathbb{R}, \\ g(y) := b^2 + y^2. \end{cases}$$

Dann ist $g(y) \neq 0$ für alle $y \in \mathbb{R}$ und für $F : \mathbb{R} \longrightarrow \mathbb{R}$ und $G : \mathbb{R} \longrightarrow \mathbb{R}$ erhält man

$$\begin{aligned} F(x) &:= \int_{x_0}^{x} f(t)\, dt = \int_{x_0}^{x} (a^2 + t^2)\, dt \\ &= a^2 x + \frac{x^3}{3} - a^2 x_0 - \frac{x_0^3}{3}, \\ G(y) &:= \int_{y_0}^{y} \frac{1}{g(t)}\, dt = \int_{y_0}^{y} \frac{1}{b^2 + t^2}\, dt = \left(\frac{1}{b} \arctan \frac{t}{b} \right) \Big|_{y_0}^{y} \\ &= \frac{1}{b} \left(\arctan \frac{y}{b} - \arctan \frac{y_0}{b} \right). \end{aligned}$$

Für die Lösung φ der obigen Differentialgleichung gilt dann

$$\begin{aligned} & G(\varphi(x)) = F(x) \\ \Longleftrightarrow \quad & \frac{1}{b} \left(\arctan \frac{\varphi(x)}{b} - \arctan \frac{y_0}{b} \right) = a^2 x + \frac{x^3}{3} - a^2 x_0 - \frac{x_0^3}{3} \\ \Longleftrightarrow \quad & \arctan \frac{\varphi(x)}{b} = a^2 b x + \frac{b x^3}{3} - a^2 b x_0 - \frac{b x_0^3}{3} + \arctan \frac{y_0}{b} \\ \Longleftrightarrow \quad & \varphi(x) = b \tan \left(a^2 b x + \frac{b x^3}{3} - a^2 b x_0 - \frac{b x_0^3}{3} + \arctan \frac{y_0}{b} \right) \end{aligned}$$

für alle x aus einer kleinen Umgebung um x_0.

e) Die Differentialgleichung läßt sich auch folgendermaßen schreiben:

$$y' = \frac{xy - 1}{1 - x^2} = \frac{x}{1 - x^2} y + \frac{-1}{1 - x^2},$$

da $x \in]-1, 1[$ ist. Wir definieren nun

$$\begin{cases} a :]-1, 1[\longrightarrow \mathbb{R}, \\ a(x) := \dfrac{x}{1 - x^2} \end{cases} \quad \text{und} \quad \begin{cases} b :]-1, 1[\longrightarrow \mathbb{R}, \\ b(x) := \dfrac{-1}{1 - x^2}, \end{cases}$$

dann sind a und b stetig und die obige Differentialgleichung läßt sich dann unter Verwendung der Bezeichnungen von An. 2, §11, Satz 3, wie folgt lösen. Man erhält für $\varphi :]-1,1[\longrightarrow \mathbb{R}$

$$\begin{aligned}
\varphi(x) &= \exp\left(\int_{x_0}^{x} a(t)\,dt\right) \\
&= \exp\left(\int_{x_0}^{x} \frac{t}{1-t^2}\,dt\right) \\
&= \exp\left(-\frac{1}{2}\int_{x_0}^{x} \frac{-2t}{1-t^2}\,dt\right) \\
&= \exp\left(-\frac{1}{2}\left(\ln(1-t^2)\right)\Big|_{x_0}^{x}\right) \\
&= \exp\left(\ln\sqrt{1-x_0^2} - \ln\sqrt{1-x^2}\right) \\
&= \frac{\sqrt{1-x_0^2}}{\sqrt{1-x^2}}.
\end{aligned}$$

Somit gilt für die Lösung $\psi :]-1,1[\longrightarrow \mathbb{R}$ der obigen Differentialgleichung mit der Anfangsbedingung $\psi(x_0) = y_0$

$$\begin{aligned}
\psi(x) &= \varphi(x)\left(y_0 + \int_{x_0}^{x} \frac{b(t)}{\varphi(t)}\,dt\right) \\
&= \frac{\sqrt{1-x_0^2}}{\sqrt{1-x^2}}\left(y_0 + \int_{x_0}^{x} \frac{-\sqrt{1-t^2}}{(1-t^2)\sqrt{1-x_0^2}}\,dt\right) \\
&= \frac{\sqrt{1-x_0^2}}{\sqrt{1-x^2}}\left(y_0 - \frac{1}{\sqrt{1-x_0^2}}\int_{x_0}^{x} \frac{1}{\sqrt{1-t^2}}\,dt\right) \\
&= \frac{\sqrt{1-x_0^2}}{\sqrt{1-x^2}}\left(y_0 - \frac{\arcsin x - \arcsin x_0}{\sqrt{1-x_0^2}}\right).
\end{aligned}$$

Aufgabe 11 C.

a) Durch die Substitution $z := x + y$ geht die Differentialgleichung $y' = (x+y)^2$ über in

$$z' = 1 + y' = 1 + z^2.$$

Diese Differentialgleichung läßt sich nun mit An. 2, §11, Satz 1, lösen. Dazu definieren wir $f, g : \mathbb{R} \longrightarrow \mathbb{R}$ durch

$$f(x) := 1, \qquad g(z) := 1 + z^2,$$

dann sind f und g stetig und es gilt $g(z) \neq 0$ für alle $z \in \mathbb{R}$. Die Differentialgleichung $z' = 1 + z^2$ läßt sich dann unter Verwendung der Bezeichnungen von An. 2, §11, Satz 1, wie folgt lösen. Es gilt für $F : \mathbb{R} \longrightarrow \mathbb{R}$ und $G : \mathbb{R} \longrightarrow \mathbb{R}$

$$F(x) := \int_{x_0}^{x} f(t)\,dt = \int_{x_0}^{x} 1\,dt = x - x_0,$$

$$G(y) := \int_{z_0}^{z} \frac{1}{g(t)}\,dt = \int_{z_0}^{z} \frac{1}{1+t^2}\,dt = \arctan z - \arctan z_0.$$

Dann gilt für die Lösung φ der Differentialgleichung $z' = 1 + z^2$ mit $\varphi(x_0) = z_0$

$$\begin{aligned} & G(\varphi(x)) = F(x) \\ \Longleftrightarrow\quad & \arctan \varphi(x) - \arctan z_0 = x - x_0 \\ \Longleftrightarrow\quad & \varphi(x) = \tan(x - x_0 + \arctan z_0) \end{aligned}$$

für alle x in einer kleinen Umgebung von x_0. Daher erhält man für die Lösung ψ der Differentialgleichung $y' = (x+y)^2$ mit $\psi(x_0) = y_0$

$$\psi(x) = \tan(x - x_0 + \arctan(x_0 + y_0)) - x,$$

wobei ψ in einer kleinen Umgebung von x_0 definiert ist.

b) Da

$$(1+x^2)y' + xy - xy^2 = 0 \Longleftrightarrow y' = \frac{xy^2 - xy}{1+x^2} =: f(x,y)$$

und f offenbar stetig und nach y stetig partiell differenzierbar ist, gilt nach An. 2, §10, Satz 1, der Eindeutigkeitssatz. Für die Lösung χ der obigen Differentialgleichung durch den Punkt $(x_0, y_0) \in \mathbb{R}^2$ gilt also folgendes:

I) $y_0 = 0$: Dann ist $\chi = 0$ eine Lösung der Differentialgleichung durch $(x_0, 0)$ und damit nach dem Eindeutigkeitssatz die einzige Lösung.

II) $y_0 \neq 0$: Nach dem Eindeutigkeitssatz folgt dann mit I), daß $\chi(x) \neq 0$ für alle x aus dem Definitionsbereich von χ. Daher können wir die Substitution $z = \frac{1}{y}$ durchführen und erhalten:

$$z' = \frac{-y'}{y^2} = \frac{xz - x}{1 + x^2} = \frac{x}{1 + x^2} z + \frac{-x}{1 + x^2}.$$

Diese Differentialgleichung läßt sich nun mittels An. 2, §11, Satz 3, lösen, dazu definieren wir

$$\begin{cases} a : \mathbb{R} \longrightarrow \mathbb{R}, \\ a(x) := \dfrac{x}{1 + x^2} \end{cases} \quad \text{und} \quad \begin{cases} b : \mathbb{R} \longrightarrow \mathbb{R}, \\ b(x) := \dfrac{-x}{1 + x^2}, \end{cases}$$

dann sind a und b stetige Funktionen und man erhält für $\varphi : \mathbb{R} \longrightarrow \mathbb{R}$ und $\psi : \mathbb{R} \longrightarrow \mathbb{R}$ aus An. 2, §11, Satz 3:

$$\begin{aligned} \varphi(x) &= \exp\left(\int_{x_0}^{x} a(t)\,dt\right) \\ &= \exp\left(\int_{x_0}^{x} \frac{t}{1 + t^2}\,dt\right) \\ &= \exp\left(\frac{1}{2}\int_{x_0}^{x} \frac{2t}{1 + t^2}\,dt\right) \\ &= \exp\left(\frac{1}{2}\left(\ln(1 + t^2)\right)\Big|_{x_0}^{x}\right) \\ &= \exp\left(\ln\sqrt{1 + x^2} - \ln\sqrt{1 + x_0^2}\right) \\ &= \frac{\sqrt{1 + x^2}}{\sqrt{1 + x_0^2}}, \\ \psi(x) &= \varphi(x)\left(z_0 + \int_{x_0}^{x} \frac{b(t)}{\varphi(t)}\,dt\right) \end{aligned}$$

$$= \frac{\sqrt{1+x^2}}{\sqrt{1+x_0^2}}\left(z_0 + \int\limits_{x_0}^{x} \frac{-t\sqrt{1+x_0^2}}{(1+t^2)\sqrt{1+t^2}}\,dt\right)$$

$$= \frac{\sqrt{1+x^2}}{\sqrt{1+x_0^2}}\left(z_0 - \sqrt{1+x_0^2}\int\limits_{x_0}^{x} \frac{t}{\sqrt{(1+t^2)^3}}\,dt\right)$$

(Substitution: $s := t^2$)

$$= \frac{\sqrt{1+x^2}}{\sqrt{1+x_0^2}}\left(z_0 - \frac{\sqrt{1+x_0^2}}{2}\int\limits_{x_0^2}^{x^2} (1+s)^{-\frac{3}{2}}\,ds\right)$$

$$= \frac{\sqrt{1+x^2}}{\sqrt{1+x_0^2}}\left(z_0 - \frac{\sqrt{1+x_0^2}}{2}\left[\frac{(1+s)^{-\frac{1}{2}}}{-\frac{1}{2}}\right]\Bigg|_{x_0^2}^{x^2}\right)$$

$$= \frac{\sqrt{1+x^2}}{\sqrt{1+x_0^2}}\left(z_0 + \sqrt{1+x_0^2}\left((1+x^2)^{-\frac{1}{2}} - (1+x_0^2)^{-\frac{1}{2}}\right)\right)$$

$$= \frac{\sqrt{1+x^2}}{\sqrt{1+x_0^2}}\left(z_0 + \frac{\sqrt{1+x_0^2}}{\sqrt{1+x^2}} - 1\right)$$

$$= \frac{(z_0-1)\sqrt{1+x^2}}{\sqrt{1+x_0^2}} + 1.$$

Für χ erhält man dann, unter Berücksichtigung, daß $z_0 = \frac{1}{y_0}$ und $\chi(x) = \frac{1}{\psi(x)}$,

$$\chi(x) = \frac{1}{\frac{(\frac{1}{y_0}-1)\sqrt{1+x^2}}{\sqrt{1+x_0^2}} + 1} = \frac{\sqrt{1+x_0^2}}{(\frac{1}{y_0}-1)\sqrt{1+x^2} + \sqrt{1+x_0^2}}$$

für alle $x \in \mathbb{R}$.

c) Da

$$y' + y + (\sin x + e^x)y^3 = 0 \iff y' = -y - (\sin x + e^x)y^3 =: f(x,y)$$

und f stetig und nach y stetig partiell differenzierbar ist, gilt nach An. 2, §10, Satz 1, der Eindeutigkeitssatz. Für die Lösung χ der obigen Differentialgleichung durch den Punkt $(x_0, y_0) \in \mathbb{R}^2$ gilt also folgendes:

I) $y_0 = 0$: Dann ist $\chi = 0$ eine Lösung der Differentialgleichung durch $(x_0, 0)$ und damit nach dem Eindeutigkeitssatz die einzige Lösung.

II) $y_0 \neq 0$: Nach dem Eindeutigkeitssatz folgt dann mit I), daß $\chi(x) \neq 0$ für alle x aus dem Definitionsbereich von χ. Daher können wir die Substitution $z = \frac{1}{y^2}$ durchführen und erhalten:

$$z' = \frac{-2y'}{y^3} = 2z + 2(\sin x + e^x).$$

Diese Differentialgleichung läßt sich nun mittels An. 2, §11, Satz 3, lösen, dazu definieren wir

$$\begin{cases} a : \mathbb{R} \longrightarrow \mathbb{R}, \\ a(x) := 2 \end{cases} \quad \text{und} \quad \begin{cases} b : \mathbb{R} \longrightarrow \mathbb{R}, \\ b(x) := 2(\sin x + e^x), \end{cases}$$

dann sind a und b stetige Funktionen und man erhält für $\varphi : \mathbb{R} \longrightarrow \mathbb{R}$ und $\psi : \mathbb{R} \longrightarrow \mathbb{R}$ aus An. 2, §11, Satz 3:

$$\begin{aligned}
\varphi(x) &= \exp\left(\int_{x_0}^{x} a(t)\, dt\right) \\
&= \exp\left(\int_{x_0}^{x} 2\, dt\right) \\
&= e^{2x-2x_0}, \\
\psi(x) &= \varphi(x)\left(z_0 + \int_{x_0}^{x} \frac{b(t)}{\varphi(t)}\, dt\right) \\
&= e^{2x-2x_0}\left(z_0 + \int_{x_0}^{x} \frac{2(\sin t + e^t)e^{2x_0}}{e^{2t}}\, dt\right) \\
&= z_0 e^{2x-2x_0} + 2e^{2x} \int_{x_0}^{x} \left(\frac{\sin t}{e^{2t}} + e^{-t}\right) dt \\
&= z_0 e^{2x-2x_0} + 2e^{2x} \left(\int_{x_0}^{x} \frac{\sin t}{e^{2t}}\, dt + \int_{x_0}^{x} e^{-t}\, dt\right)
\end{aligned}$$

$$\begin{aligned} &= z_0 e^{2x-2x_0} + 2e^{2x}\left(\left[-\frac{\cos t + 2\sin t}{5e^{2t}}\right]\Big|_{x_0}^{x} + \left[-e^{-t}\right]\Big|_{x_0}^{x}\right) \\ &= z_0 e^{2x-2x_0} - \frac{2}{5}(\cos x + 2\sin x) \\ &\quad + \frac{2}{5}e^{2x-2x_0}(\cos x_0 + 2\sin x_0) - 2e^x + 2e^{2x-x_0}, \end{aligned}$$

unter Verwendung von

$$\begin{aligned} \int \frac{\sin t}{e^{2t}}\,dt &= \int \underbrace{\sin t}_{=:f'}\,\underbrace{\frac{1}{e^{2t}}}_{=:g}\,dt \\ &\quad \text{(partielle Integration)} \\ &= \frac{-\cos t}{e^{2t}} - \int \frac{2\cos t}{e^{2t}}\,dt \\ &= \frac{-\cos t}{e^{2t}} - 2\int \underbrace{\cos t}_{=:f'}\,\underbrace{\frac{1}{e^{2t}}}_{=:g}\,dt \\ &\quad \text{(partielle Integration)} \\ &= \frac{-\cos t}{e^{2t}} - 2\left(\frac{\sin t}{e^{2t}} + 2\int \frac{\sin t}{e^{2t}}\,dt\right) \\ &= \frac{-\cos t - 2\sin t}{e^{2t}} - 4\int \frac{\sin t}{e^{2t}}\,dt \\ \Longrightarrow \quad & \int \frac{\sin t}{e^{2t}}\,dt = \frac{-\cos t - 2\sin t}{5e^{2t}}. \end{aligned}$$

Für χ erhält man dann also unter Berücksichtigung des Eindeutigkeitssatzes und weil $z := \frac{1}{y^2}$ mit $z_0 := \frac{1}{y_0^2}$:

i) $y_0 > 0$:

$$\chi(x) = \frac{1}{\sqrt{\psi(x)}}.$$

ii) $y_0 < 0$:

$$\chi(x) = -\frac{1}{\sqrt{\psi(x)}}.$$

Aufgabe 11 E.

c) Da

$$(1) \qquad y' = \frac{x+y}{x+2y} = \frac{1+\frac{y}{x}}{1+2\frac{y}{x}} =: f\left(\frac{y}{x}\right), \quad f(z) = \frac{1+z}{1+2z}$$

und $f : \mathbb{R}_+^* \longrightarrow \mathbb{R}$ stetig ist, genügt es nach An. 2, §11, Satz 4, die Lösung(en) der folgenden Differentialgleichung

$$(2) \ z' = \frac{1}{x}(f(z) - z) = \frac{1}{x}\left(\frac{1+z}{1+2z} - z\right) = \frac{1}{x} \cdot \frac{1-2z^2}{1+2z} =: g(x,z),$$

zu bestimmen, wobei $x, z \in \mathbb{R}_+^*$. Da g stetig und nach der zweiten Variablen stetig partiell differenzierbar ist, gilt der Eindeutigkeitssatz. Um die Lösung ψ von (2) unter der Anfangsbedingung $\psi(x_0) = \frac{y_0}{x_0} =: z_0; x_0, \ y_0 \in \mathbb{R}_+^*$ zu bestimmen, nehmen wir folgende Fallunterscheidung vor:

I) $z_0 = \frac{1}{\sqrt{2}}$: Dann ist $\psi(x) = \frac{1}{\sqrt{2}}$ für alle $x \in \mathbb{R}_+^*$ eine Lösung von (2) und damit nach dem Eindeutigkeitssatz die Lösung von (2).

II) $z_0 \neq \frac{1}{\sqrt{2}}$: Mit I) und dem Eindeutigkeitssatz folgt dann $\psi(x) \neq \frac{1}{\sqrt{2}}$ für alle x aus dem Definitionsbereich von ψ und mittels An. 2, §11, Satz 1, können wir die Lösung von (2) berechnen. Dazu definieren wir

$$\begin{cases} f : \mathbb{R}_+^* \longrightarrow \mathbb{R}, \\ f(x) := \dfrac{1}{x} \end{cases} \quad \text{und} \quad \begin{cases} g : J \longrightarrow \mathbb{R}, \\ g(z) := \dfrac{1-2z^2}{1+2z}, \end{cases}$$

wobei $J =]0, \frac{1}{\sqrt{2}}[$ oder $J =]\frac{1}{\sqrt{2}}, \infty[$, je nachdem ob $z_0 \in]0, \frac{1}{\sqrt{2}}[$ oder $z_0 \in]\frac{1}{\sqrt{2}}, \infty[$. Dann sind f und g stetig, und es gilt $g(z) \neq 0$ für alle $z \in J$. Weiter erhalten wir für $F : \mathbb{R}_+^* \longrightarrow \mathbb{R}$ und $G : J \longrightarrow \mathbb{R}$ aus An. 2, §11, Satz 1, folgendes:

$$\begin{aligned} F(x) &:= \int_{x_0}^{x} f(t)\,dt = \int_{x_0}^{x} \frac{1}{t}\,dt = \ln x - \ln x_0, \\ G(z) &:= \int_{z_0}^{z} \frac{1}{g(t)}\,dt \end{aligned}$$

$$\begin{aligned}
&= \int_{z_0}^{z} \frac{1+2t}{1-2t^2}\,dt \\
&= \int_{z_0}^{z} \frac{1}{1-2t^2}\,dt + \int_{z_0}^{z} \frac{2t}{1-2t^2}\,dt \\
&= \int_{z_0}^{z} \left(\frac{\frac{1}{2}}{1-\sqrt{2}t} + \frac{\frac{1}{2}}{1+\sqrt{2}t} \right) dt - \frac{1}{2} \int_{z_0}^{z} \frac{-4t}{1-2t^2}\,dt \\
&= -\frac{1}{2\sqrt{2}} \int_{z_0}^{z} \left(\frac{-\sqrt{2}}{1-\sqrt{2}t} - \frac{\sqrt{2}}{1+\sqrt{2}t} \right) dt \\
&\quad - \frac{1}{2} \left(\ln|1-2t^2| \right) \Big|_{z_0}^{z} \\
&= -\frac{1}{2\sqrt{2}} \left(\ln|1-\sqrt{2}t| - \ln(1+\sqrt{2}t) \right) \Big|_{z_0}^{z} \\
&\quad - \frac{1}{2} \left(\ln|1-2t^2| \right) \Big|_{z_0}^{z} \\
&= -\frac{1}{2\sqrt{2}} \left(\ln \frac{|1-\sqrt{2}z|}{1+\sqrt{2}z} - \ln \frac{|1-\sqrt{2}z_0|}{1+\sqrt{2}z_0} \right) \\
&\quad - \frac{1}{2} \ln|1-2z^2| + \frac{1}{2} \ln|1-2z_0^2| \\
&= \ln \frac{(1+\sqrt{2}z)^{\frac{\sqrt{2}}{4}}}{|1-\sqrt{2}z|^{\frac{\sqrt{2}}{4}}} + \ln \frac{|1-\sqrt{2}z_0|^{\frac{\sqrt{2}}{4}}}{(1+\sqrt{2}z_0)^{\frac{\sqrt{2}}{4}}} \\
&\quad - \frac{1}{2} \ln|1-2z^2| + \frac{1}{2} \ln|1-2z_0^2| \\
&= \ln \frac{(1+\sqrt{2}z)^{\frac{\sqrt{2}}{4}-\frac{1}{2}}}{|1-\sqrt{2}z|^{\frac{\sqrt{2}}{4}+\frac{1}{2}}} + \ln \frac{|1-\sqrt{2}z_0|^{\frac{\sqrt{2}}{4}+\frac{1}{2}}}{(1+\sqrt{2}z_0)^{\frac{\sqrt{2}}{4}-\frac{1}{2}}}.
\end{aligned}$$

Damit gilt

$$\begin{aligned}
& G(\psi(x)) = F(x) \\
\Longleftrightarrow\quad & \ln \frac{(1+\sqrt{2}\psi(x))^{\frac{\sqrt{2}}{4}-\frac{1}{2}}}{|1-\sqrt{2}\psi(x)|^{\frac{\sqrt{2}}{4}+\frac{1}{2}}} + \ln \frac{|1-\sqrt{2}z_0|^{\frac{\sqrt{2}}{4}+\frac{1}{2}}}{(1+\sqrt{2}z_0)^{\frac{\sqrt{2}}{4}-\frac{1}{2}}} = \ln \frac{x}{x_0}
\end{aligned}$$

$$\iff \frac{(1+\sqrt{2}\psi(x))^{\frac{\sqrt{2}}{4}-\frac{1}{2}}}{|1-\sqrt{2}\psi(x)|^{\frac{\sqrt{2}}{4}+\frac{1}{2}}} = \frac{x}{x_0}\cdot\frac{(1+\sqrt{2}z_0)^{\frac{\sqrt{2}}{4}-\frac{1}{2}}}{|1-\sqrt{2}z_0|^{\frac{\sqrt{2}}{4}+\frac{1}{2}}}.$$

Für die Lösung φ von (1) unter der Anfangsbedingung $\varphi(x_0) = y_0$ gilt somit

I) $\frac{y_0}{x_0} = \frac{1}{\sqrt{2}}$: Dann ist $\varphi(x) = \frac{1}{\sqrt{2}}x$ für alle $x \in \mathbb{R}_+^*$ die Lösung von (1).

II) $\frac{y_0}{x_0} \neq \frac{1}{\sqrt{2}}$: Mit §11, Satz 4, und den obigen Vorbetrachtungen ist dann die Lösung φ von (2) implizit gegeben durch

$$\frac{(1+\sqrt{2}\frac{\varphi(x)}{x})^{\frac{\sqrt{2}}{4}-\frac{1}{2}}}{|1-\sqrt{2}\frac{\varphi(x)}{x}|^{\frac{\sqrt{2}}{4}+\frac{1}{2}}} = \frac{x}{x_0}\cdot\frac{(1+\sqrt{2}\frac{y_0}{x_0})^{\frac{\sqrt{2}}{4}-\frac{1}{2}}}{|1-\sqrt{2}\frac{y_0}{x_0}|^{\frac{\sqrt{2}}{4}+\frac{1}{2}}}$$

$$\iff \frac{(x+\sqrt{2}\varphi(x))^{\frac{\sqrt{2}}{4}-\frac{1}{2}}}{|x-\sqrt{2}\varphi(x)|^{\frac{\sqrt{2}}{4}+\frac{1}{2}}} = \frac{1}{x_0}\cdot\frac{(1+\sqrt{2}\frac{y_0}{x_0})^{\frac{\sqrt{2}}{4}-\frac{1}{2}}}{|1-\sqrt{2}\frac{y_0}{x_0}|^{\frac{\sqrt{2}}{4}+\frac{1}{2}}},$$

wobei φ in einer kleinen Umgebung um x_0 definiert ist.

Aufgabe 11 F. Zunächst beweisen wir zwei Lemmata.
Lemma 1. Sei $f : [0,\infty[\longrightarrow \mathbb{R}$ eine stetige, in $]0,\infty[$ differenzierbare Funktion mit $f'(x) \geq C$ für alle $x \in]0,\infty[$, wobei $C > 0$ eine Konstante ist. Dann gilt

$$\lim_{x\to\infty} f(x) = +\infty.$$

Beweis. Nach dem Mittelwertsatz der Differentialrechnung gibt es zu jedem $x \in]0,\infty[$ ein $\xi_x \in]0,x[$ mit

$$\frac{f(x)-f(0)}{x-0} = f'(\xi_x) \Longrightarrow f(x) = f(0) + f'(\xi_x)\cdot x \geq f(0) + C\cdot x.$$

Da

$$\lim_{x\to\infty}(f(0) + C\cdot x) = +\infty$$

ist Lemma 1 bewiesen. □

Lemma 2. Es seien $r_0 > 0$, $C > 0$ mit $\frac{1}{C} > r_0$ gegeben. Dann existiert das uneigentliche Riemann–Integral

$$\int_{r_0}^{\frac{1}{C}} \frac{dr}{\sqrt{\frac{1}{r} - C}}.$$

Beweis. Für $x \in [r_0, \frac{1}{C}[$ gilt

$$\begin{aligned}
\int_{r_0}^{x} \frac{dr}{\sqrt{\frac{1}{r} - C}} &= \frac{1}{\sqrt{C}} \int_{r_0}^{x} \frac{\sqrt{r}}{\sqrt{\frac{1}{C} - r}}\, dr \\
&= -\frac{1}{\sqrt{C}} \left[\sqrt{r\left(\frac{1}{C} - r\right)} + \frac{1}{C} \arctan \sqrt{\frac{\frac{1}{C} - r}{r}} \right]_{r_0}^{x},
\end{aligned}$$

wie man leicht durch Differenzieren bestätigt (vgl. auch [7], Abschnitt 1.1.3.3, Formel 151). Da

$$\lim_{r \nearrow \frac{1}{C}} \left(-\frac{1}{\sqrt{C}} \left[\sqrt{r\left(\frac{1}{C} - r\right)} + \frac{1}{C} \arctan \sqrt{\frac{\frac{1}{C} - r}{r}} \right] \right) = 0,$$

folgt Lemma 2 unmittelbar. □

Zur Lösung der Differentialgleichung gehen wir nun wie in An. 2, Beispiel (11.5), vor (vgl. dazu auch An. 2, S. 118ff):
Setze $f : \mathbb{R}_+^* \longrightarrow \mathbb{R}$ mit $f(r) = -\frac{\gamma}{r^2}$, dann ist f stetig. Weiter erhalten wir für $U : \mathbb{R}_+^* \longrightarrow \mathbb{R}$

$$U(r) = -\int_{r_0}^{r} f(\xi)\, d\xi = \gamma \int_{r_0}^{r} \frac{1}{\xi^2}\, d\xi = \gamma \left[-\frac{1}{\xi} \right]_{r_0}^{r} = \frac{\gamma}{r_0} - \frac{\gamma}{r}.$$

Für E ergibt sich dann

$$E = \frac{1}{2} \dot{r}(0)^2 + U(r(0)) = \frac{1}{2} v_0^2.$$

Die Bewegung verläuft daher in

$$\begin{aligned}\{r \in \mathbb{R}_+^* \mid U(r) \leq E\} &= \left\{r \in \mathbb{R}_+^* \;\middle|\; \frac{\gamma}{r_0} - \frac{\gamma}{r} \leq \frac{1}{2}v_0^2\right\} \\ &= \left\{r \in \mathbb{R}_+^* \;\middle|\; r\left(\frac{1}{r_0} - \frac{1}{2\gamma}v_0^2\right) \leq 1\right\} \\ &= \begin{cases} \mathbb{R}_+^*, & \text{falls } \Theta \leq 0 \\ \left]0, \frac{1}{\Theta}\right], & \text{falls } \Theta > 0 \end{cases},\end{aligned}$$

wobei

$$\Theta := \left(\frac{1}{r_0} - \frac{1}{2\gamma}v_0^2\right).$$

Weiter erhalten wir

$$\dot{r}^2 = 2(E - U(r)) = \frac{2\gamma}{r} + C$$

mit $C := v_0^2 - \frac{2\gamma}{r_0}$. Nun führen wir folgende Fallunterscheidung durch:
1. Fall. $C > 0$:
Dann folgt aus Stetigkeitsgründen entweder $\dot{r}(t) \geq \sqrt{C}$ für alle $t \in [0, \infty[$ oder $\dot{r}(t) \leq -\sqrt{C}$ für alle $t \in [0, \infty[$. Da aber $\dot{r}(0) = v_0 > 0$, gilt $\dot{r}(t) \geq \sqrt{C}$ für alle $t \in [0, \infty[$ und somit nach Lemma 1

$$\lim_{t \to \infty} r(t) = +\infty.$$

2. Fall. $C < 0$:
Dann gibt es genau ein $r_1 > r_0$ mit $\frac{2\gamma}{r_1} + C = 0$. Nach Lemma 2 existiert das uneigentliche Riemann–Integral

$$G(r_1) := \int_{r_0}^{r_1} \frac{d\xi}{\sqrt{2(E - U(\xi))}} = \int_{r_0}^{r_1} \frac{dr}{\sqrt{\frac{2\gamma}{r} + C}},$$

somit gibt es nach den Bemerkungen in An. 2, §11, Seite 118ff, ein $t_1 > 0$ mit $G(r_1) = t_1 - 0$. Für $t \in [0, t_1]$ ist dann r monoton wachsend und in $[t_1, \infty[$ monoton fallend, denn

$$\begin{aligned} & \ddot{r}(t) < 0 \text{ für alle } t \in [t_1, \infty[\\ \Longrightarrow\quad & \dot{r}(t) < 0 \text{ für alle } t \in]t_1, \infty[, \text{ da } \dot{r}(t_1) = 0 \\ \Longrightarrow\quad & r \text{ ist in } [t_1, \infty[\text{ (streng) monoton fallend.}\end{aligned}$$

Für das gesuchte $v^* > 0$ erhalten wir also (v^* ist das v_0, falls $C = 0$ ist)

$$(v^*)^2 - \frac{2\gamma}{r_0} = 0 \Longrightarrow v^* = \sqrt{\frac{2\gamma}{r_0}}.$$

Für die Erdanziehung erhält man

$$v^* = 40245.91 \frac{\text{km}}{\text{h}}.$$

Zur Lösung der Differentialgleichung läßt sich abschließend folgendes sagen: Mit

$$G(x) := \int_{r_0}^{x} \frac{d\xi}{\sqrt{2(E - U(\xi))}}$$

ist die Lösung $r(t)$ implizit wie folgt gegeben:
Im 1. Fall ist $G(r(t)) = t$ für alle $t \in [0, \infty[$.
Im 2. Fall ist $G(r(t)) = t$ für alle $t \in [0, t_1]$ und

$$\int_{r_1}^{r(t)} \frac{d\xi}{\sqrt{2(E - U(\xi))}} = t_1 - t$$

für alle $t \in [t_1, \infty[$.

§12. Lineare Differentialgleichungen

Aufgabe 12 A. Zunächst zeigen wir, daß ψ eine Lösung der Differentialgleichung $y' = Ay$ ist. Man erhält für ψ' unter Benutzung der Produktregel

$$\psi' = \begin{pmatrix} u'\varphi_1 + u\varphi_1' \\ u'\varphi_2 + u\varphi_2' + g' \end{pmatrix} = \begin{pmatrix} a_{12}g + u\varphi_1' \\ u\varphi_2' + a_{22}g \end{pmatrix}.$$

Da φ eine Lösung von $y' = Ay$ ist, gilt

$$\begin{pmatrix} \varphi_1' \\ \varphi_2' \end{pmatrix} = \varphi' = A\varphi = \begin{pmatrix} a_{11} & a_{12} \\ a_{21} & a_{22} \end{pmatrix} \cdot \begin{pmatrix} \varphi_1 \\ \varphi_2 \end{pmatrix} = \begin{pmatrix} a_{11}\varphi_1 + a_{12}\varphi_2 \\ a_{21}\varphi_1 + a_{22}\varphi_2 \end{pmatrix}$$

und somit

$$\begin{aligned}
A\psi &= \begin{pmatrix} a_{11} & a_{12} \\ a_{21} & a_{22} \end{pmatrix} \cdot \begin{pmatrix} u\varphi_1 \\ u\varphi_2 + g \end{pmatrix} = \begin{pmatrix} u(a_{11}\varphi_1 + a_{12}\varphi_2) + a_{12}g \\ u(a_{21}\varphi_1 + a_{22}\varphi_2) + a_{22}g \end{pmatrix} \\
&= \begin{pmatrix} u\varphi_1' + a_{12}g \\ u\varphi_2' + a_{22}g \end{pmatrix} = \psi'.
\end{aligned}$$

Also erfüllt auch ψ die Differentialgleichung $y' = Ay$. Da

$$g' = \left(a_{22} - a_{12}\frac{\varphi_2}{\varphi_1}\right) g$$

nach An. 2, §11, Satz 2, auf J eine von der Nullfunktion verschiedene Lösung besitzt, gelte o.B.d.A. $g(x_0) \neq 0$ in einer Stelle $x_0 \in J$. Um die lineare Unabhängigkeit von φ und ψ zu bestätigen, brauchen wir nach An. 2, §12, Satz 2, nur die lineare Unabhängigkeit an der Stelle x_0 zu beweisen.
Annahme: $\varphi(x_0)$ und $\psi(x_0)$ sind linear abhängig. Dann gibt es ein $\lambda \in \mathbb{R}$ mit

$$\begin{aligned}
\varphi(x_0) = \lambda \cdot \psi(x_0) \quad &\iff \quad \begin{pmatrix} \varphi_1(x_0) \\ \varphi_2(x_0) \end{pmatrix} = \begin{pmatrix} \lambda u(x_0)\varphi_1(x_0) \\ \lambda u(x_0)\varphi_2(x_0) + \lambda g(x_0) \end{pmatrix} \\
&\iff \quad (\lambda \cdot u(x_0) = 1) \\
&\qquad\quad \wedge ((1 - \lambda \cdot u(x_0))\varphi_2(x_0) = \lambda \cdot g(x_0)) \\
&\implies \quad \lambda \cdot g(x_0) = 0 \\
&\implies \quad \lambda = 0.
\end{aligned}$$

Widerspruch, da $\varphi_1(x_0) \neq 0$ nach Voraussetzung (da $x_0 \in J$)!

Aufgabe 12 B. Das Differentialgleichungssystem lautet in Matrizenschreibweise

$$\begin{pmatrix} y_1 \\ y_2 \end{pmatrix}' = \underbrace{\begin{pmatrix} -1 & \frac{1}{x} \\ 1 - x & 1 \end{pmatrix}}_{=:\, A(x)} \cdot \begin{pmatrix} y_1 \\ y_2 \end{pmatrix} + \begin{pmatrix} \ln x + \frac{1}{x} \\ (x-1)\ln x \end{pmatrix}.$$

Zunächst verifizieren wir, daß $\varphi_1 : \mathbb{R}_+^* \longrightarrow \mathbb{R}^2$ mit $\varphi_1(x) := \binom{1}{x}$ tatsächlich eine Lösung des homogenen Systems ist:

$$A(x) \cdot \varphi_1(x) = \begin{pmatrix} -1 & \frac{1}{x} \\ 1 - x & 1 \end{pmatrix} \cdot \begin{pmatrix} 1 \\ x \end{pmatrix} = \begin{pmatrix} 0 \\ 1 \end{pmatrix} = \begin{pmatrix} 1 \\ x \end{pmatrix}' = \varphi_1(x)'.$$

Um eine zweite, von φ_1 linear unabhängige Lösung $\varphi_2 : \mathbb{R}_+^* \longrightarrow \mathbb{R}^2$ des homogenen Systems zu berechnen, verwenden wir Aufgabe 12 A. Mit den dort verwendeten Bezeichnungen müssen wir differenzierbare Funktionen u, $g : \mathbb{R}_+^* \longrightarrow \mathbb{R}^2$ finden, die

$$\begin{cases} g' = 0 \cdot g, \\ u' = \dfrac{1}{x} \cdot g \end{cases}$$

genügen. Offensichtlich sind $g(x) = 1$ und $u(x) = \ln x$ geeignete Funktionen hierfür. Damit erhält man für φ_2:

$$\varphi_2(x) = \begin{pmatrix} \ln x \\ x \ln x + 1 \end{pmatrix} \qquad \text{für alle } x \in \mathbb{R}_+^*.$$

Also ist $\Phi := (\varphi_1, \varphi_2)$ ein Fundamentalsystem des homogenen Systems. Im folgenden brauchen wir nur noch eine Lösung des inhomogenen Systems zu finden. Dazu benutzen wir An. 2, §12, Satz 4. Es ergibt sich für $u : \mathbb{R}_+^* \longrightarrow \mathbb{R}^2$:

$$\begin{aligned}
u(x) &= \int_1^x \Phi(t)^{-1} b(t)\, dt \\
&= \int_1^x \begin{pmatrix} 1 & \ln t \\ t & t \ln t + 1 \end{pmatrix}^{-1} \begin{pmatrix} \ln t + \frac{1}{t} \\ (t-1)\ln t \end{pmatrix} dt \\
&= \int_1^x \frac{1}{t \ln t + 1 - t \ln t} \begin{pmatrix} t \ln t + 1 & -\ln t \\ -t & 1 \end{pmatrix} \begin{pmatrix} \ln t + \frac{1}{t} \\ (t-1)\ln t \end{pmatrix} dt \\
&= \int_1^x \begin{pmatrix} 2 \ln t + (\ln t)^2 + \frac{1}{t} \\ -1 - \ln t \end{pmatrix} dt \\
&= \int_1^x \begin{pmatrix} (\ln t + t(\ln t)^2)' \\ (-t \ln t)' \end{pmatrix} dt \\
&= \begin{pmatrix} \ln x + x(\ln x)^2 \\ -x \ln x \end{pmatrix}.
\end{aligned}$$

Eine Lösung $\psi : \mathbb{R}_+^* \longrightarrow \mathbb{R}^2$ des inhomogenen Systems ist damit

$$\psi(x) = \Phi(x) \cdot u(x) = \begin{pmatrix} 1 & \ln x \\ x & x \ln x + 1 \end{pmatrix} \cdot \begin{pmatrix} \ln x + x(\ln x)^2 \\ -x \ln x \end{pmatrix} = \begin{pmatrix} \ln x \\ 0 \end{pmatrix}.$$

Die Menge $\mathcal{M}$ aller Lösungen des inhomogenen Systems lautet daher

$$\mathcal{M} = \{\psi + \lambda\varphi_1 + \mu\varphi_2 \;:\; \lambda, \mu \in \mathbb{R}\}.$$

Aufgabe 12 C.

a) Zunächst suchen wir eine Konstante α, so daß $\varphi_1 :]-\frac{1}{2}, \infty[\longrightarrow \mathbb{R}$ mit $\varphi_1(x) = e^{\alpha x}$ eine Lösung der homogenen Gleichung ist. Es gilt

$$\begin{aligned}
& (2x+1)\varphi_1''(x) + (4x-2)\varphi_1'(x) - 8\varphi_1(x) = 0 \\
\iff \quad & ((2x+1)\alpha^2 + (4x-2)\alpha - 8)e^{\alpha x} = 0 \\
\iff \quad & ((2x+1)\alpha^2 + (4x-2)\alpha - 8) = 0 \\
\iff \quad & \alpha = \frac{-(4x-2) \pm \sqrt{(4x-2)^2 + 32(2x+1)}}{2(2x+1)} \\
\iff \quad & (\alpha = -2) \vee \left(\alpha = \frac{8}{4x+2}\right).
\end{aligned}$$

Damit haben wir also mit $\varphi_1 :]-\frac{1}{2}, \infty[\longrightarrow \mathbb{R}$, $\varphi_1(x) = e^{-2x}$, eine Lösung der homogenen Gleichung gefunden. Um eine zweite Lösung $\varphi_2 :]-\frac{1}{2}, \infty[\longrightarrow \mathbb{R}$ der homogenen Gleichung zu bestimmen, wenden wir An. 2, §12, Satz 6, an:

$$\begin{aligned}
u'(x) &= \frac{1}{\varphi_1(x)^2} \exp\left(-\int_0^x \frac{4t-2}{2t+1}\, dt\right) \\
&= e^{4x} \exp\left(\int_0^x \left(-2 + \frac{4}{2t+1}\right) dt\right) \\
&= e^{4x} \exp\left(-2x + \ln(2x+1)^2\right) \\
&= (2x+1)^2 e^{2x}.
\end{aligned}$$

Mittels zweimaliger partieller Integration erhält man

$$\begin{aligned}
\int \underbrace{(2x+1)^2}_{=f} \underbrace{e^{2x}}_{=g'}\, dx &= \frac{(2x+1)^2}{2} e^{2x} - 2\int \underbrace{(2x+1)}_{=f} \underbrace{e^{2x}}_{=g'}\, dx \\
&= \frac{(2x+1)^2}{2} e^{2x} - 2\left(\frac{(2x+1)}{2} e^{2x} - \int e^{2x}\, dx\right) \\
&= \frac{(2x+1)^2}{2} e^{2x} - (2x+1)e^{2x} + e^{2x} \\
&= \left(2x^2 + \frac{1}{2}\right) e^{2x},
\end{aligned}$$

also

$$u(x) = \left(2x^2 + \frac{1}{2}\right) e^{2x}$$

und damit ist

$$\varphi_2(x) = \varphi_1(x) \cdot u(x) = 2x^2 + \frac{1}{2}$$

eine zweite Lösung der homogenen Gleichung. Wir brauchen im folgenden also nur noch eine Lösung $\psi :]-\frac{1}{2}, \infty[\longrightarrow \mathbb{R}$ der inhomogenen Gleichung zu bestimmen, dazu führen wir die inhomogene Differentialgleichung 2.Ordnung auf ein System 1.Ordnung zurück (vgl. An. 2, Beweis zu §12, Satz 5). Für dieses System 1.Ordnung erhält man dann

$$\begin{cases} y_0' = y_1, \\ y_1' = \dfrac{8}{2x+1} y_0 - \dfrac{4x-2}{2x+1} y_1 + \dfrac{6x^2+x-3}{2x+1} e^x \end{cases}$$

bzw. in Matrizenschreibweise

$$\begin{pmatrix} y_0 \\ y_1 \end{pmatrix}' = \begin{pmatrix} 0 & 1 \\ \dfrac{8}{2x+1} & \dfrac{2-4x}{2x+1} \end{pmatrix} \cdot \begin{pmatrix} y_0 \\ y_1 \end{pmatrix} + \begin{pmatrix} 0 \\ \dfrac{6x^2+x-3}{2x+1} e^x \end{pmatrix}.$$

Ein Lösungs–Fundamentalsystem dafür bildet dann $\Phi = (\tau_1, \tau_2)$, wobei die Funktionen $\tau_1, \tau_2 :]-\frac{1}{2}, \infty[\longrightarrow \mathbb{R}^2$ gegeben sind durch

$$\tau_1(x) = \begin{pmatrix} \varphi_1(x) \\ \varphi_1'(x) \end{pmatrix} = \begin{pmatrix} e^{-2x} \\ -2e^{-2x} \end{pmatrix}$$

bzw.

$$\tau_2(x) = \begin{pmatrix} \varphi_2(x) \\ \varphi_2'(x) \end{pmatrix} = \begin{pmatrix} 2x^2 + \frac{1}{2} \\ 4x \end{pmatrix}.$$

Mit Hilfe von An. 2, §12, Satz 4, läßt sich nun eine Lösung des inhomogenen Systems 1.Ordnung und damit eine Lösung der inhomogenen Gleichung 2.Ordnung berechnen. Es gilt

$$\begin{aligned} \Phi(t)^{-1} &= \begin{pmatrix} e^{-2t} & 2t^2 + \frac{1}{2} \\ -2e^{-2t} & 4t \end{pmatrix}^{-1} \\ &= \frac{1}{(4t^2+4t+1)e^{-2t}} \begin{pmatrix} 4t & -2t^2 - \frac{1}{2} \\ 2e^{-2t} & e^{-2t} \end{pmatrix} \\ &= \frac{1}{(2t+1)^2} \begin{pmatrix} 4te^{2t} & (-2t^2 - \frac{1}{2})e^{2t} \\ 2 & 1 \end{pmatrix} \end{aligned}$$

und daher

$$\begin{aligned}
u(x) &= \int_0^x \Phi(t)^{-1} \cdot \begin{pmatrix} 0 \\ \frac{6t^2+t-3}{2t+1} e^t \end{pmatrix} dt \\
&= \int_0^x \begin{pmatrix} \frac{(6t^2+t-3)(-2t^2-\frac{1}{2})}{(2t+1)^3} e^{3t} \\ \frac{6t^2+t-3}{(2t+1)^3} e^t \end{pmatrix} dt \\
&= \left[\begin{pmatrix} \frac{-12t^3+8t^2+5t-4}{6(2t+1)^2} e^{3t} \\ \frac{3t+2}{(2t+1)^2} e^t \end{pmatrix} \right]_0^x \\
&= \begin{pmatrix} \frac{-12x^3+8x^2+5x-4}{6(2x+1)^2} e^{3x} + \frac{2}{3} \\ \frac{3x+2}{(2x+1)^2} e^x - 2 \end{pmatrix}.
\end{aligned}$$

Da nun

$$\Phi(x) \cdot u(x) = \begin{pmatrix} \psi(x) \\ \psi'(x) \end{pmatrix},$$

erhält man

$$\begin{aligned}
\psi(x) &= e^{-2x} \cdot \left(\frac{-12x^3+8x^2+5x-4}{6(2x+1)^2} e^{3x} + \frac{2}{3} \right) \\
&\quad + \left(2x^2 + \frac{1}{2} \right) \cdot \left(\frac{3x+2}{(2x+1)^2} e^x - 2 \right) \\
&= \frac{-12x^3+8x^2+5x-4}{6(2x+1)^2} e^x + \frac{2}{3} e^{-2x} \\
&\quad + \frac{(3x+2) \cdot \left(2x^2+\frac{1}{2}\right)}{(2x+1)^2} e^x - 4x^2 - 1 \\
&= \frac{3x+1}{3} e^x + \frac{2}{3} e^{-2x} - 4x^2 - 1.
\end{aligned}$$

Die Menge $\mathcal{M}$ der Lösungen der inhomogenen Differentialgleichung zweiter Ordnung hat dann nach An. 2, §12, Satz 5, folgende Gestalt:

$$\mathcal{M} = \{\psi + \lambda\varphi_1 + \mu\varphi_2 \ : \ \lambda, \mu \in \mathbb{R}\}.$$

Aufgabe 12 D. Es sei

$$\varphi = \begin{pmatrix} \varphi_1 \\ \varphi_2 \\ \vdots \\ \varphi_n \end{pmatrix} : I \longrightarrow \mathbb{R}^n$$

eine beliebige Lösung der Differentialgleichung $y' = A(x)y$. Setze außerdem $A =: (a_{ij})$, dann ist $a_{ij} : I \longrightarrow \mathbb{R}$ für alle $(i,j) \in \{1,\ldots,n\}^2$ eine beliebig oft differenzierbare Funktion. Nun beweisen wir induktiv, daß auch φ beliebig oft differenzierbar ist.

i) Induktionsanfang: $n = 1$.
Die Existenz von φ' folgt unmittelbar daraus, daß φ eine Lösung der Differentialgleichung $y' = A(x)y$ ist.

ii) Induktionsschritt: $(n+1) \longrightarrow (n+2)$.
Es existiere $\varphi^{(n+1)}$, $n \in \mathbb{N}$, und damit existieren auch $\varphi^{(k)}$, $(k = 1, \ldots, n)$. Zu zeigen ist nun, daß auch $\varphi^{(n+2)}$ existiert. Da

$$\varphi' = A\varphi = (a_{ij}) \cdot \begin{pmatrix} \varphi_1 \\ \vdots \\ \varphi_n \end{pmatrix} = \left(\sum_{j=1}^{n} a_{ij}\varphi_j \right)_{i=1,\ldots,n},$$

ist unter Benutzung von An. 1, Aufgabe 15.6 i) (Leibnizsche Formel)

$$\varphi^{(n+1)} = \left(\sum_{j=1}^{n} \sum_{k=0}^{n} \binom{n}{k} a_{ij}^{(n-k)} \varphi_j^{(k)} \right)_{i=1,\ldots,n}.$$

Da $\varphi^{(n+1)}$ existiert, d.h. es existieren $\varphi_l^{(n+1)}$ für alle $l \in \{1,\ldots n\}$, gilt

$$\begin{aligned} & \left(\sum_{j=1}^{n} \sum_{k=0}^{n} \binom{n}{k} a_{ij}^{(n-k)} \varphi_j^{(k)} \right)'_{i=1,\ldots,n} \\ = \quad & \left(\sum_{j=1}^{n} \sum_{k=0}^{n} \binom{n}{k} \left(a_{ij}^{(n+1-k)} \varphi_j^{(k)} + a_{ij}^{(n-k)} \varphi_j^{(k+1)} \right) \right)_{i=1,\ldots,n} \\ = \quad & \left(\sum_{j=1}^{n} \sum_{k=0}^{n+1} \binom{n+1}{k} a_{ij}^{(n+1-k)} \varphi_j^{(k)} \right)_{i=1,\ldots,n}, \end{aligned}$$

und damit existiert also auch $\varphi^{(n+2)}$.

Aufgabe 12 E. Setzt man $z = \sqrt{x}y$, so gilt

$$\begin{aligned} z' &= \frac{1}{2\sqrt{x}}y + \sqrt{x}y', \\ z'' &= \frac{2\sqrt{x}y' - y\frac{1}{\sqrt{x}}}{4x} + \sqrt{x}y'' + \frac{1}{2\sqrt{x}}y' \\ &= \frac{1}{\sqrt{x}}y' - \frac{1}{4x\sqrt{x}}y + \sqrt{x}y'' \\ &= \frac{1}{\sqrt{x}}y' - \frac{1}{4x\sqrt{x}}y + \sqrt{x}\left(-\frac{1}{x}y' - \left(1 - \frac{1}{4x^2}\right)y\right) \\ &= -\sqrt{x}y \\ &= -z. \end{aligned}$$

Für die Differentialgleichung $z'' + z = 0$ sind

$$\begin{cases} \tau_1 : \mathbb{R}_+^* \longrightarrow \mathbb{R}, \\ \tau_1(x) = \cos x \end{cases} \quad \text{und} \quad \begin{cases} \tau_2 : \mathbb{R}_+^* \longrightarrow \mathbb{R}, \\ \tau_2(x) = \sin x \end{cases}$$

Lösungen, die man direkt ablesen kann. Damit lösen

$$\begin{cases} \varphi_1 : \mathbb{R}_+^* \longrightarrow \mathbb{R}, \\ \varphi_1(x) = \dfrac{\cos x}{\sqrt{x}} \end{cases} \quad \text{und} \quad \begin{cases} \varphi_2 : \mathbb{R}_+^* \longrightarrow \mathbb{R}, \\ \varphi_2(x) = \dfrac{\sin x}{\sqrt{x}} \end{cases}$$

die Besselsche Differentialgleichung für $p = \frac{1}{2}$. Um zu zeigen, daß (φ_1, φ_2) auch ein Lösungs–Fundamentalsystem für die Differentialgleichung bildet, verwenden wir An. 2, §12, Satz 5 c) und schließen wie folgt:

$$\begin{aligned} &\begin{vmatrix} \varphi_1(x) & \varphi_2(x) \\ \varphi_1'(x) & \varphi_2'(x) \end{vmatrix} \\ = &\begin{vmatrix} \dfrac{\cos x}{\sqrt{x}} & \dfrac{\sin x}{\sqrt{x}} \\ \dfrac{-\sqrt{x}\sin x - \frac{1}{2\sqrt{x}}\cos x}{x} & \dfrac{\sqrt{x}\cos x - \frac{1}{2\sqrt{x}}\sin x}{x} \end{vmatrix} \\ = &\frac{1}{x\sqrt{x}}\left(\sqrt{x}\cos^2 x - \frac{1}{2\sqrt{x}}\sin x\cos x + \sqrt{x}\sin^2 x + \frac{1}{2\sqrt{x}}\sin x\cos x\right) \\ = &\frac{1}{x} \neq 0 \text{ für alle } x \in \mathbb{R}_+^*. \end{aligned}$$

Aufgabe 12 F.

a) Sei $f \in C^\infty(\mathbb{R}_+^*)$ beliebig.

i) Es gilt für alle $x \in \mathbb{R}_+^*$

$$\begin{aligned}
&(T_{p+1}S_pf)(x)\\
= \;& \left(-f'(x)+\frac{p}{x}f(x)\right)' + \frac{p+1}{x}\left(-f'(x)+\frac{p}{x}f(x)\right)\\
= \;& -f''(x)+\frac{p}{x}f'(x)-\frac{p}{x^2}f(x)-\frac{p+1}{x}f'(x)+\frac{p(p+1)}{x^2}f(x)\\
= \;& -\left(f''(x)+\frac{1}{x}f'(x)-\frac{p^2}{x^2}f(x)\right)\\
= \;& f(x)-\left(f''(x)+\frac{1}{x}f'(x)+\left(1-\frac{p^2}{x^2}\right)f(x)\right)\\
= \;& f(x)-(B_pf)(x)
\end{aligned}$$

und damit $T_{p+1}S_pf = f - B_pf$.

ii) Es gilt für alle $x \in \mathbb{R}_+^*$

$$\begin{aligned}
&(S_{p-1}T_pf)(x)\\
= \;& -\left(f'(x)+\frac{p}{x}f(x)\right)' + \frac{p-1}{x}\left(f'(x)+\frac{p}{x}f(x)\right)\\
= \;& -f''(x)-\frac{p}{x}f'(x)+\frac{p}{x^2}f(x)+\frac{p-1}{x}f'(x)+\frac{p(p-1)}{x^2}f(x)\\
= \;& -\left(f''(x)+\frac{1}{x}f'(x)-\frac{p^2}{x^2}f(x)\right)\\
= \;& f(x)-\left(f''(x)+\frac{1}{x}f'(x)+\left(1-\frac{p^2}{x^2}\right)f(x)\right)\\
= \;& f(x)-(B_pf)(x)
\end{aligned}$$

und damit $S_{p-1}T_pf = f - B_pf$.

iii) Nach i) gilt $T_pS_{p-1}f = f - B_{p-1}f$ und damit

$$T_pS_{p-1}T_pf = T_pf - B_{p-1}T_pf.$$

Nach ii) gilt dann $T_p(f - B_pf) = T_pf - B_{p-1}T_pf$ und unter Berücksichtigung der Linearität von T_p folgt somit

$$T_pf - T_pB_pf = T_pf - B_{p-1}T_pf \iff T_pB_pf = B_{p-1}T_pf.$$

iv) Nach ii) gilt $S_pT_{p+1}f = f - B_{p+1}f$ und damit

$$S_pT_{p+1}(S_pf) = S_pf - B_{p+1}S_pf.$$

Nach i) gilt dann $S_p(f - B_pf) = S_pf - B_{p+1}S_pf$ und unter Berücksichtigung der Linearität von S_p folgt somit

$$S_pf - S_pB_pf = S_pf - B_{p+1}S_pf \iff S_pB_pf = B_{p+1}S_pf.$$

b) i) Es sei $f \in V_p$ beliebig, dann ist $T_pf \in V_{p-1}$ und $S_pf \in V_{p+1}$ zu zeigen. Nach iii) aus Aufgabenteil a) gilt dann unter Berücksichtigung der Linearität von T_p ($\Longrightarrow T_p0 = 0$):

$$T_p \underbrace{B_pf}_{=0} = B_{p-1}T_pf \iff 0 = B_{p-1}T_pf \iff T_pf \in V_{p-1}.$$

Analog zeigt man mit iv) aus Aufgabenteil a) unter Berücksichtigung der Linearität von S_p ($\Longrightarrow S_p0 = 0$):

$$S_p \underbrace{B_pf}_{=0} = B_{p+1}S_pf \iff 0 = B_{p+1}S_pf \iff S_pf \in V_{p+1}.$$

ii) Nach Aufgabenteil i) sind $S_p : V_p \longrightarrow V_{p+1}$ und $T_{p+1} : V_{p+1} \longrightarrow V_p$ wohldefiniert und die Linearität folgt unmittelbar aus der Linearität von $S_p : C^\infty(\mathbb{R}_+^*) \longrightarrow C^\infty(\mathbb{R}_+^*)$ und $V_{p+1} : C^\infty(\mathbb{R}_+^*) \longrightarrow C^\infty(\mathbb{R}_+^*)$. Es bleibt also nur noch zu zeigen, daß $S_p : V_p \longrightarrow V_{p+1}$ und $T_{p+1} : V_{p+1} \longrightarrow V_p$ bijektiv und Umkehrungen voneinander sind. Nach Ergebnissen aus der linearen Algebra (vgl. z.B. [5], Lemma 1.1.7) genügt es,

$$(*) \qquad \begin{cases} S_pT_{p+1}f = f & \text{für alle } f \in V_{p+1}, \\ T_{p+1}S_pf = f & \text{für alle } f \in V_p \end{cases}$$

zu verifizieren. Mit i) und ii) aus a) gilt aber

$$S_pT_{p+1}f = f - B_{p+1}f = f \qquad \text{für alle } f \in V_{p+1}$$

und

$$T_{p+1}S_pf = f - B_pf = f \qquad \text{für alle } f \in V_p,$$

womit $(*)$ gezeigt ist.

c) Da

$$\begin{cases} \varphi_1 : \mathbb{R}_+^* \longrightarrow \mathbb{R}, \\ \varphi_1(x) = \dfrac{\sin x}{\sqrt{x}} \end{cases} \quad \text{und} \quad \begin{cases} \varphi_2 : \mathbb{R}_+^* \longrightarrow \mathbb{R}, \\ \varphi_2(x) = \dfrac{\cos x}{\sqrt{x}} \end{cases}$$

nach Aufgabe 12 E Zylinderfunktionen der Ordnung $p = \frac{1}{2}$ sind, sind nach b)

$$\varphi_3 := S_{\frac{1}{2}}\varphi_1 \quad \text{und} \quad \varphi_4 := S_{\frac{1}{2}}\varphi_2$$

Zylinderfunktionen der Ordnung $p = \frac{3}{2}$. Es gilt

$$\begin{aligned} \varphi_3(x) &= -\left(\frac{\sin x}{\sqrt{x}}\right)' + \frac{1}{2x} \cdot \frac{\sin x}{\sqrt{x}} = \frac{2\sin x - 2x\cos x}{2x\sqrt{x}}, \\ \varphi_4(x) &= -\left(\frac{\cos x}{\sqrt{x}}\right)' + \frac{1}{2x} \cdot \frac{\cos x}{\sqrt{x}} = \frac{2x\sin x + 2\cos x}{2x\sqrt{x}}. \end{aligned}$$

Da außerdem, wie man durch Nachrechnen bestätigt,

$$\det \begin{pmatrix} \varphi_3(x) & \varphi_4(x) \\ \varphi_3'(x) & \varphi_4'(x) \end{pmatrix} = -\frac{1}{x} \neq 0$$

gilt, ist

$$\mathcal{M} = \{\lambda\varphi_3 + \mu\varphi_4 \ : \ \lambda, \mu \in \mathbb{R}\}$$

die Menge aller Zylinderfunktionen der Ordnung $p = \frac{3}{2}$.

Die Menge aller Zylinderfunktionen der Ordnung $p = \frac{5}{2}$ lassen sich analog berechnen. Nach b) sind

$$\varphi_5 := S_{\frac{3}{2}}\varphi_3 \quad \text{und} \quad \varphi_6 := S_{\frac{3}{2}}\varphi_4$$

Zylinderfunktionen der Ordnung $p = \frac{5}{2}$.
Es gilt

$$\begin{aligned} \varphi_5(x) &= -\left(\frac{2\sin x - 2x\cos x}{2x\sqrt{x}}\right)' + \frac{3}{2x} \cdot \frac{2\sin x - 2x\cos x}{2x\sqrt{x}} \\ &= \frac{(3 - x^2)\sin x - 3x\cos x}{x^2\sqrt{x}}, \\ \varphi_6(x) &= -\left(\frac{2x\sin x + 2\cos x}{2x\sqrt{x}}\right)' + \frac{3}{2x} \cdot \frac{2x\sin x + 2\cos x}{2x\sqrt{x}} \\ &= \frac{3x\sin x + (3 - x^2)\cos x}{x^2\sqrt{x}}. \end{aligned}$$

Da außerdem

$$\det\begin{pmatrix} \varphi_5(x) & \varphi_6(x) \\ \varphi_5'(x) & \varphi_6'(x) \end{pmatrix} = -\frac{1}{x} \neq 0,$$

ist

$$\mathcal{M} = \{\lambda\varphi_5 + \mu\varphi_6 \ : \ \lambda, \mu \in \mathbb{R}\}$$

die Menge aller Zylinderfunktionen der Ordnung $p = \frac{5}{2}$.

Aufgabe 12 G.

a) Zunächst berechnen wir einige Ableitungen:

$$\begin{aligned}
y'(x) &= \alpha x^{\alpha-1}u(\beta x^\gamma) + \beta\gamma x^{\alpha+\gamma-1}u'(\beta x^\gamma), \\
y''(x) &= \alpha(\alpha-1)x^{\alpha-2}u(\beta x^\gamma) + \alpha\beta\gamma x^{\alpha+\gamma-2}u'(\beta x^\gamma) \\
&\quad + \beta\gamma(\alpha+\gamma-1)x^{\alpha+\gamma-2}u'(\beta x^\gamma) + \beta^2\gamma^2 x^{\alpha+2\gamma-2}u''(\beta x^\gamma) \\
&= (\alpha^2-\alpha)x^{\alpha-2}u(\beta x^\gamma) + \beta\gamma(2\alpha+\gamma-1)x^{\alpha+\gamma-2}u'(\beta x^\gamma) \\
&\quad + \beta^2\gamma^2 x^{\alpha+2\gamma-2}u''(\beta x^\gamma).
\end{aligned}$$

Es sei u eine Lösung der Besselschen Differentialgleichung zum Parameter p, dann gilt

$$\begin{aligned}
& y''(x) + \frac{1-2\alpha}{x}y'(x) + \left((\beta\gamma x^{\gamma-1})^2 + \frac{\alpha^2 - p^2\gamma^2}{x^2}\right) y(x) \\
= \ & (\alpha^2-\alpha)x^{\alpha-2}u(\beta x^\gamma) + \beta\gamma(2\alpha+\gamma-1)x^{\alpha+\gamma-2}u'(\beta x^\gamma) \\
& + \beta^2\gamma^2 x^{\alpha+2\gamma-2}u''(\beta x^\gamma) \\
& + \frac{1-2\alpha}{x}\left(\alpha x^{\alpha-1}u(\beta x^\gamma) + \beta\gamma x^{\alpha+\gamma-1}u'(\beta x^\gamma)\right) \\
& + \left((\beta\gamma x^{\gamma-1})^2 + \frac{\alpha^2 - p^2\gamma^2}{x^2}\right) x^\alpha u(\beta x^\gamma) \\
= \ & \beta^2\gamma^2 x^{\alpha+2\gamma-2}u''(\beta x^\gamma) + \beta\gamma^2 x^{\alpha+\gamma-2}u'(\beta x^\gamma) \\
& + \left(\beta^2\gamma^2 x^{2\gamma+\alpha-2} - p^2\gamma^2 x^{\alpha-2}\right) u(\beta x^\gamma) \\
= \ & \gamma^2\beta^2 x^{\alpha+2\gamma-2} \\
& \cdot \underbrace{\left(u''(\beta x^\gamma) + \frac{1}{\beta x^\gamma}u'(\beta x^\gamma) + \left(1 - \frac{p^2}{(\beta x^\gamma)^2}\right) u(\beta x^\gamma)\right)}_{=0} \\
= \ & 0,
\end{aligned}$$

und somit ist y eine Lösung der Differentialgleichung

$$(1) \qquad y'' + \frac{1-2\alpha}{x}y' + \left((\beta\gamma x^{\gamma-1})^2 + \frac{\alpha^2 - p^2\gamma^2}{x^2}\right) y = 0.$$

Um nun zu zeigen, daß sich jede Lösung y der Differentialgleichung (1) in der Form $y(x) = x^\alpha u(\beta x^\gamma)$ darstellen läßt, wobei u eine Lösung der Besselschen Differentialgleichung zum Parameter p ist, genügt es folgendes zu bestätigen (vgl. An. 2, §12, Satz 5):

Für je zwei linear unabhängige Lösungen u_1, u_2 der Besselschen Differentialgleichung zum Parameter p sind auch die beiden Funktionen y_1, y_2, definiert durch $y_i(x) = x^\alpha u_i(\beta x^\gamma)$, $i = 1, 2$, linear unabhängig.

Dies ist aber erfüllt, da

$$\begin{vmatrix} y_1(x) & y_2(x) \\ y_1'(x) & y_2'(x) \end{vmatrix} = \beta\gamma x^{2\alpha+\gamma-1}(u_1u_2' - u_1'u_2)(\beta x^\gamma) \neq 0,$$

denn u_1, u_2 sind linear unabhängig.

b) Man braucht nur die Konstanten aus Teil a) zu berechnen. (Es sei $x > 0$ für die Differentialgleichungen vorausgesetzt.)

i) Es muß

$$\begin{cases} 1 - 2\alpha = 0 \Longleftrightarrow \boxed{\alpha = \frac{1}{2}}, \\ \alpha^2 - p^2\gamma^2 = 0, \\ (\beta\gamma x^{\gamma-1})^2 = a^2x^m \Longrightarrow \boxed{\gamma = \frac{m+2}{2} \neq 0} \quad \wedge \quad \beta^2\gamma^2 = a^2 \end{cases}$$

gelten und daher $\boxed{\beta = \frac{2|a|}{|m+2|} > 0}$ und $\boxed{p = \frac{1}{m+2}}$ oder $p = -\frac{1}{m+2}$.

Jede Lösung y der Differentialgleichung läßt sich also als

$$y(x) = \sqrt{x}u\left(\frac{2|a|}{|m+2|}x^{(m+2)/2}\right)$$

schreiben, wobei u eine Lösung der Besselschen Differentialgleichung zum Parameter $\frac{1}{m+2}$ ist.

ii) Es muß

$$\begin{cases} 1-2\alpha = 0 \Longleftrightarrow \boxed{\alpha = \dfrac{1}{2}}, \\ \alpha^2 - p^2\gamma^2 = -a(a+1), \\ (\beta\gamma x^{\gamma-1})^2 = 1 \Longrightarrow \boxed{\gamma = 1 \neq 0} \quad \wedge \quad \boxed{\beta = 1 > 0} \end{cases}$$

gelten und daher $\boxed{p = a + \dfrac{1}{2}}$ oder $p = -a - \dfrac{1}{2}$.

Jede Lösung y der Differentialgleichung läßt sich also als

$$y(x) = \sqrt{x}u(x)$$

schreiben, wobei u eine Lösung der Besselschen Differentialgleichung zum Parameter $a + \frac{1}{2}$ ist.

iii) Es muß

$$\begin{cases} 1-2\alpha = a \Longleftrightarrow \boxed{\alpha = \dfrac{1-a}{2}}, \\ \alpha^2 - p^2\gamma^2 = 0, \\ (\beta\gamma x^{\gamma-1})^2 = \dfrac{b^2}{4}x^{-1} \Longrightarrow \boxed{\gamma = \frac{1}{2} \neq 0} \quad \wedge \quad \boxed{\beta = |b| > 0} \end{cases}$$

gelten und daher $\boxed{p = 1 - a}$ oder $p = a - 1$.

Jede Lösung y der Differentialgleichung läßt sich also als

$$y(x) = x^{(1-a)/2}u(|b|\sqrt{x})$$

schreiben, wobei u eine Lösung der Besselschen Differentialgleichung zum Parameter $1 - a$ ist.

c) Die Differentialgleichung i) im Ausnahmefall $m = -2$ lautet:

$$y'' + \frac{a^2}{x^2}y = 0, \qquad (a \neq 0,\ x > 0).$$

Um eine Lösung $\tau : \mathbb{R}_+^* \longrightarrow \mathbb{C}$ zu finden setzen wir

$$\tau(x) = x^c, \qquad c \in \mathbb{C},$$

an. Dann gilt

$$\begin{aligned} & \tau''(x) + \frac{a^2}{x^2}\tau = 0 \\ \Longleftrightarrow\quad & c(c-1)x^{c-2} + \frac{a^2}{x^2}x^c = 0 \\ \Longleftrightarrow\quad & (c(c-1)+a^2)x^{c-2} = 0 \\ \Longleftrightarrow\quad & c^2 - c + a^2 = 0 \\ \Longleftrightarrow\quad & c = \frac{1+\sqrt{1-4a^2}}{2} \quad \vee \quad c = \frac{1-\sqrt{1-4a^2}}{2}. \end{aligned}$$

Setze

$$\lambda_1 := \frac{1+\sqrt{1-4a^2}}{2}, \qquad \lambda_2 := \frac{1-\sqrt{1-4a^2}}{2}.$$

Nun nehmen wir folgende Fallunterscheidung vor:

I) $1 - 4a^2 \neq 0$, d.h. $a \neq \frac{1}{2}$ und $a \neq -\frac{1}{2}$.
Dann bilden $\varphi_k : \mathbb{R}_+^* \longrightarrow \mathbb{C} \quad (k = 1, 2)$ mit

$$\varphi_1(x) = x^{\lambda_1}, \qquad \varphi_2(x) = x^{\lambda_2}$$

ein Fundamentalsystem von Lösungen der obigen Differentialgleichung, denn

$$\begin{vmatrix} x^{\lambda_1} & x^{\lambda_2} \\ \lambda_1 x^{\lambda_1 - 1} & \lambda_2 x^{\lambda_2 - 1} \end{vmatrix} = \lambda_2 - \lambda_1 \neq 0 \qquad \text{für alle } x \in \mathbb{R}_+^*.$$

II) $1 - a^2 = 0$, d.h. $a = \frac{1}{2}$ oder $a = -\frac{1}{2}$.
Dann ist $\varphi_1 : \mathbb{R}_+^* \longrightarrow \mathbb{R}$ mit $\varphi_1(x) = \sqrt{x}$ eine Lösung der Differentialgleichung. Eine weitere, von φ_1 unabhängige, Lösung $\varphi_2 : \mathbb{R}_+^* \longrightarrow \mathbb{R}$ bestimmt man dann mittels An. 2, §12, Satz 6. Mit den dortigen Bezeichnungen gilt

$$\begin{aligned} u'(x) &= \frac{1}{\varphi_1(x)^2} \exp\left(- \int_1^x 0\, dt \right) = \frac{1}{x}, \\ u(x) &= \int u'(x)\, dx = \ln x, \\ \varphi_2(x) &= \varphi_1(x) \cdot u(x) = \sqrt{x} \ln x. \end{aligned}$$

Damit bildet (φ_1, φ_2) ein Fundamentalsystem von Lösungen der Differentialgleichung.

Die Differentialgleichung iii) im Ausnahmefall $b = 0$ lautet:

$$y'' + \frac{a}{x}y' = 0, \qquad (a \in \mathbb{R},\ x > 0)$$
$$\iff \quad y'' = -\frac{a}{x}y'.$$

Trivialerweise ist $\varphi_1 : \mathbb{R}_+^* \longrightarrow \mathbb{R}$ mit

$$\varphi_1(x) = 1 \quad \text{für alle } x > 0$$

eine Lösung dieser Differentialgleichung.

Eine weitere, von φ_1 linear unabhängige Lösung $\varphi_2 : \mathbb{R}_+^* \longrightarrow \mathbb{R}$ läßt sich leicht mittels An. 2, §11, Satz 2, bestimmen. Es gilt

$$\varphi_2'(x) = \exp\left(\int_1^x -\frac{a}{t}\,dt\right) = \exp\left(-\ln x^a\right) = x^{-a}$$

und damit

$$\varphi_2(x) = \int \varphi_2'(x)\,dx = \begin{cases} \ln x, & \text{falls } a = 1, \\ \dfrac{x^{1-a}}{1-a}, & \text{falls } a \neq 1. \end{cases}$$

Bemerkung. Die beiden in c) behandelten Differentialgleichungen sind Spezialfälle der in Aufgabe 13 E gegebenen Differentialgleichung, lassen sich daher auch mit der dort angegebenen Methode lösen.

Aufgabe 12 I. Für eine Lösung $\varphi :]-r, r[\longrightarrow \mathbb{R}$ der Differentialgleichung

$$y'' + a(x)y' + b(x)y = 0$$

werde definiert

$$\widetilde{\varphi} :]-r, r[\longrightarrow \mathbb{R}, \qquad \widetilde{\varphi}(x) := \varphi(-x).$$

Da $\widetilde{\varphi}'(x) = -\varphi(-x)$ und $\widetilde{\varphi}''(x) = \varphi(-x)$, ist wegen $a(-x) = -a(x)$ und $b(-x) = b(x)$ auch $\widetilde{\varphi}$ eine Lösung der Differentialgleichung.
Es gibt eine Lösung φ mit der Anfangsbedingung

$$\varphi(0) = 1, \qquad \varphi'(0) = 1.$$

Die Funktionen φ_1, φ_2 seien definiert durch

$$\varphi_1 := \tfrac{1}{2}(\varphi + \widetilde{\varphi}), \qquad \varphi_2 := \tfrac{1}{2}(\varphi - \widetilde{\varphi}).$$

Dann ist φ_1 eine gerade und φ_2 eine ungerade Lösung der Differentialgleichung. Da

$$\begin{aligned} \varphi_1(0) &= 1, \qquad & \varphi_1'(0) &= 0, \\ \varphi_2(0) &= 0, \qquad & \varphi_2'(0) &= 1, \end{aligned}$$

sind φ_1 und φ_2 linear unabhängig, bilden also ein Lösungs-Fundamentalsystem.

§13. Lineare Differentialgleichungen mit konstanten Koeffizienten

Aufgabe 13 A.

a) Die Differentialgleichung

$$y'' - 4y' + 4y = 0$$

läßt sich schreiben als $P(D)y = 0$ mit $P(D) = D^2 - 4D + 4$. Das Polynom

$$P(T) = T^2 - 4T + 4 = (T-2)^2$$

hat $\lambda = 2$ als einzige Nullstelle mit der Vielfachheit 2. Daher bilden die Funktionen $\varphi_k : \mathbb{R} \longrightarrow \mathbb{R} \quad (k = 1, 2)$,

$$\varphi_1(x) := e^{2x}, \qquad \varphi_2(x) := xe^{2x}$$

nach An. 2, §13, Satz 2, ein Fundamentalsystem von Lösungen der obigen Differentialgleichung.

c) Die Differentialgleichung

$$y''' - 2y'' + 2y' - y = 0$$

läßt sich schreiben als $P(D)y = 0$ mit $P(D) = D^3 - 2D^2 + 2D - 1$. Das Polynom

$$P(T) = T^3 - 2T^2 + 2T - 1 = (T-1)(T^2 - T + 1)$$

hat folgende (einfache) Nullstellen:

$$\lambda_1 = 1, \quad \lambda_2 = \frac{1+\sqrt{3}i}{2}, \quad \lambda_3 = \frac{1-\sqrt{3}i}{2}.$$

Deshalb bilden die Funktionen $\varphi_k : \mathbb{R} \longrightarrow \mathbb{C} \quad (k = 1, 2, 3)$,

$$\varphi_1(x) := e^x, \qquad \varphi_2(x) := e^{\lambda_2 x}, \qquad \varphi_3(x) := e^{\lambda_3 x},$$

nach An. 2, §13, Satz 2, ein Fundamentalsystem von Lösungen der obigen Differentialgleichung. Um ein reelles Fundamentalsystem zu erhalten, setzen wir

$$\begin{aligned}
\psi_1(x) &:= \varphi_1(x) = e^x, \\
\psi_2(x) &:= \frac{1}{2}(\varphi_2(x) + \varphi_3(x)) = e^{x/2} \cos \frac{\sqrt{3}}{2} x, \\
\psi_3(x) &:= \frac{1}{2i}(\varphi_2(x) - \varphi_3(x)) = e^{x/2} \sin \frac{\sqrt{3}}{2} x,
\end{aligned}$$

dann bilden $\psi_k : \mathbb{R} \longrightarrow \mathbb{R} \quad (k = 1, 2, 3)$ ein reelles Fundamentalsystem von Lösungen (vgl. An. 2, §13, Beispiel (13.3)).

e) Die Differentialgleichung

$$y^{(4)} + y = 0$$

läßt sich schreiben als $P(D)y = 0$ mit $P(D) = D^4 + 1$. Für die Nullstellen des Polynoms

$$P(T) = T^4 + 1$$

erhält man unter Benutzung, daß u.a. $\frac{1}{2}(1+i)^2 = i$ gilt:

$$\lambda_1 = \frac{\sqrt{2}(1+i)}{2}, \quad \lambda_2 = \frac{\sqrt{2}(1-i)}{2}, \quad \lambda_3 = \frac{\sqrt{2}(-1+i)}{2},$$

$$\lambda_4 = \frac{\sqrt{2}(-1-i)}{2}.$$

Deshalb bilden die Funktionen $\varphi_k : \mathbb{R} \longrightarrow \mathbb{C} \quad (k = 1, 2, 3, 4)$,

$$\varphi_1(x) := e^{\lambda_1 x}, \quad \varphi_2(x) := e^{\lambda_2 x}, \quad \varphi_3(x) := e^{\lambda_3 x},$$

$$\varphi_4(x) := e^{\lambda_4 x},$$

nach An. 2, §13, Satz 2, ein Fundamentalsystem von Lösungen der obigen Differentialgleichung. Um ein reelles Fundamentalsystem zu erhalten, setzen wir

$$\begin{aligned}
\psi_1(x) &:= \frac{1}{2}(\varphi_1(x)+\varphi_2(x)) = e^{\sqrt{2}/2x}\cos\frac{\sqrt{2}}{2}x,\\
\psi_2(x) &:= \frac{1}{2i}(\varphi_1(x)-\varphi_2(x)) = e^{\sqrt{2}/2x}\sin\frac{\sqrt{2}}{2}x,\\
\psi_3(x) &:= \frac{1}{2}(\varphi_3(x)+\varphi_4(x)) = e^{-\sqrt{2}/2x}\cos\frac{\sqrt{2}}{2}x,\\
\psi_4(x) &:= \frac{1}{2i}(\varphi_3(x)-\varphi_4(x)) = e^{-\sqrt{2}/2x}\sin\frac{\sqrt{2}}{2}x,
\end{aligned}$$

dann bilden $\psi_k : \mathbb{R} \longrightarrow \mathbb{R} \quad (k = 1,2,3,4)$ ein reelles Fundamentalsystem von Lösungen (vgl. An. 2, §13, Beispiel (13.3)).

Aufgabe 13 C.

a) Zunächst bestimmen wir ein Fundamentalsystem von Lösungen der homogenen Gleichung

$$y'' + 3y' + 2y = 0.$$

Sie läßt sich schreiben als $P(D)y = 0$ mit $P(D) = D^2 + 3D + 2$. Das Polynom

$$P(T) = T^2 + 3T + 2$$

hat die Nullstellen $\lambda_1 = -1$ und $\lambda_2 = -2$.
Daher bilden die Funktionen $\varphi_k : \mathbb{R} \longrightarrow \mathbb{R} \quad (k = 1,2)$,

$$\varphi_1(x) := e^{-x}, \qquad \varphi_2(x) := e^{-2x},$$

nach An. 2, §13, Satz 2, ein Fundamentalsystem von Lösungen der homogenen Gleichung. Um eine spezielle Lösung von

$$y'' + 3y' + 2y = 2 = 2e^{0x}$$

zu bestimmen, benutzen wir An. 2, §13, Satz 3. Da $P(0) = 2 \neq 0$, ist $\psi : \mathbb{R} \longrightarrow \mathbb{R}$ mit

$$\psi(x) = \frac{2}{P(0)}e^{0x} = 1$$

eine Lösung der inhomogenen Gleichung. Damit erhält man für die Menge $\mathcal{M}$ aller Lösungen der Differentialgleichung

$$\mathcal{M} = \{\psi + \lambda\varphi_1 + \mu\varphi_2 \ : \ \lambda, \mu \in \mathbb{R}\}.$$

c) Zunächst bestimmen wir ein Fundamentalsystem von Lösungen der homogenen Gleichung

$$y'' - 5y' + 6y = 0.$$

Sie läßt sich schreiben als $P(D)y = 0$ mit $P(D) = D^2 - 5D + 6$. Das Polynom

$$P(T) = T^2 - 5T + 6$$

hat die Nullstellen $\lambda_1 = 2$ und $\lambda_2 = 3$.
Daher bilden die Funktionen $\varphi_k : \mathbb{R} \longrightarrow \mathbb{R} \quad (k = 1, 2)$,

$$\varphi_1(x) := e^{2x}, \qquad \varphi_2(x) := e^{3x},$$

nach An. 2, §13, Satz 2, ein Fundamentalsystem von Lösungen der homogenen Gleichung. Um eine spezielle Lösung von

$$y'' - 5y' + 6y = 4xe^x - \sin x$$

zu bestimmen, suchen wir zunächst je eine Lösung der beiden folgenden Gleichungen

(1) $P(D)y = 4xe^x$

(2) $P(D)y = -\sin x.$

Da 1 eine Nullstelle 0.Ordnung des Polynoms P ist, besitzt (1) eine spezielle Lösung der Form

$$\psi_1(x) = f(x)e^x,$$

wobei f ein Polynom 1.Grades ist. Wir setzen also

$$f(x) = c_1 x + c_2$$

an. Nun ist

$$\begin{aligned} & P(D)((c_1 x + c_2)e^x) \\ = \quad & (c_1 x + c_2 + 2c_1)e^x - 5(c_1 x + c_2 + c_1)e^x + 6(c_1 x + c_2)e^x \\ = \quad & (2c_1 x + 2c_2 - 3c_1)e^x, \end{aligned}$$

woraus wir $c_1 = 2$ und $c_2 = 3$ schließen. Damit ist

$$\psi_1(x) = (2x + 3)e^x$$

eine spezielle Lösung von (1). Um eine Lösung von (2) zu bestimmen, lösen wir zunächst

$$P(D)y = ie^{ix},$$

da $-\sin x = \mathrm{Re}\left(\mathrm{ie^{ix}}\right)$ ist. Da außerdem

$$P(i) = -1 - 5i + 6 = 5 - 5i \neq 0$$

ist nach An. 2, §13, Satz 3,

$$\tau(x) = \frac{i}{P(i)}e^{ix} = \frac{i}{5-5i}e^{ix} = \frac{i(5+5i)}{25+25}e^{ix} = \frac{i-1}{10}e^{ix}$$

eine spezielle Lösung von $P(D)y = ie^{ix}$, und da alle Koeffizienten von $P(D)$ reell sind, gilt

$$\mathrm{Re(P(D)\tau(x)) = P(D)(Re\tau(x))},$$

und somit hat (2) die spezielle Lösung

$$\psi_2(x) := \mathrm{Re}\tau(\mathrm{x}) = -\frac{1}{10}\cos \mathrm{x} - \frac{1}{10}\sin \mathrm{x} = -\frac{1}{10}(\sin \mathrm{x} + \cos \mathrm{x}).$$

Eine spezielle Lösung der inhomogenen Differentialgleichung ist somit die Funktion $\psi : \mathbb{R} \longrightarrow \mathbb{R}$ mit

$$\psi(x) = \psi_1(x) + \psi_2(x) = (2x+3)e^x - \frac{1}{10}(\sin x + \cos x).$$

Damit erhält man für die Menge $\mathcal{M}$ aller Lösungen der Differentialgleichung

$$\mathcal{M} = \{\psi + \lambda\varphi_1 + \mu\varphi_2 \ : \ \lambda, \mu \in \mathbb{R}\}.$$

d) Man geht analog wie in c) vor und erhält für die Menge $\mathcal{M}$ aller Lösungen der Differentialgleichung

$$\mathcal{M} = \{\psi + \lambda_1\varphi_1 + \lambda_2\varphi_2 + \lambda_3\varphi_3 \ : \ \lambda_1, \lambda_2, \lambda_3 \in \mathbb{R}\},$$

wobei $\varphi_1, \varphi_2, \varphi_3, \psi : \mathbb{R} \longrightarrow \mathbb{R}$ gegeben sind durch

$$\varphi_1(x) := 1, \quad \varphi_2(x) := e^x, \quad \varphi_3(x) := xe^x,$$

$$\psi(x) := x + \left(-\frac{1}{20}\cos 2x - \frac{1}{10}\sin 2x\right)e^x.$$

e) Zunächst bestimmen wir ein Fundamentalsystem von Lösungen der homogenen Gleichung

$$y^{(4)} + 2y'' + y = 0.$$

Sie läßt sich schreiben als $P(D)y = 0$ mit $P(D) = D^4 + 2D^2 + 1$. Das Polynom

$$P(T) = T^4 + 2T^2 + 1 = (T - i)^2(T + i)^2$$

hat die Nullstellen $\lambda_1 = i$ und $\lambda_2 = -i$ mit jeweils der Vielfachheit 2. Daher bilden die Funktionen $\varphi_k : \mathbb{R} \longrightarrow \mathbb{C} \quad (k = 1, 2, 3, 4)$,

$$\varphi_1(x) := e^{ix}, \quad \varphi_2(x) := e^{-ix}, \quad \varphi_3(x) := xe^{ix}, \quad \varphi_4(x) := xe^{-ix}$$

nach An. 2, §13, Satz 2, ein Fundamentalsystem von Lösungen der homogenen Gleichung. Um ein reelles Fundamentalsystem zu erhalten, setzen wir

$$\begin{aligned}
\psi_1(x) &:= \frac{1}{2}(\varphi_1(x) + \varphi_2(x)) = \cos x, \\
\psi_2(x) &:= \frac{1}{2i}(\varphi_1(x) - \varphi_2(x)) = \sin x, \\
\psi_3(x) &:= \frac{1}{2}(\varphi_3(x) + \varphi_4(x)) = x\cos x, \\
\psi_4(x) &:= \frac{1}{2i}(\varphi_3(x) - \varphi_4(x)) = x\sin x,
\end{aligned}$$

dann bilden $\psi_k : \mathbb{R} \longrightarrow \mathbb{R} \quad (k = 1, 2, 3, 4)$ ein reelles Fundamentalsystem von Lösungen (vgl. An. 2, §13, Beispiel (13.3)). Um eine spezielle Lösung von

$$y^{(4)} + 2y'' + y = 25e^{2x}$$

zu bestimmen, benutzen wir An. 2, §13, Satz 3. Da $P(2) = 2^4 + 2^3 + 1 = 25$ ist $\psi : \mathbb{R} \longrightarrow \mathbb{R}$ mit

$$\psi(x) = \frac{25}{P(0)}e^{2x} = e^{2x}$$

eine Lösung der inhomogenen Gleichung. Damit erhält man für die Menge $\mathcal{M}$ aller Lösungen der Differentialgleichung

$$\mathcal{M} = \left\{ \psi + \sum_{k=1}^{4} \lambda_k \psi_k \ : \ \lambda_1, \ldots, \lambda_4 \in \mathbb{R} \right\}.$$

Aufgabe 13 D. Zunächst bestimmen wir ein reelles Fundamentalsystem von Lösungen der homogenen Gleichung

$$\ddot{x} + 2\mu\dot{x} + \omega_0^2 x = 0.$$

Sie läßt sich schreiben als $P(D)x = 0$ mit $P(D) = D^2 + 2\mu D + \omega_0^2$. Das Polynom

$$P(T) = T^2 + 2\mu T + \omega_0^2$$

hat die Nullstellen

$$\lambda_1 = -\mu + \sqrt{\mu^2 - \omega_0^2}, \quad \lambda_2 = -\mu - \sqrt{\mu^2 - \omega_0^2}.$$

Nun müssen wir folgende Fallunterscheidung vornehmen:

I) $\mu^2 = \omega_0^2$, d.h. $\mu = \omega_0$.

Dann ist $\lambda := \lambda_1 = \lambda_2 = -\mu$ zweifache Nullstelle des Polynoms P(T) und nach An. 2, §13, Satz 2, bilden $\varphi_k : \mathbb{R} \longrightarrow \mathbb{R} \quad (k = 1, 2)$,

$$\varphi_1(t) := e^{-\mu t}, \quad \varphi_2(t) := te^{-\mu t},$$

ein reelles Fundamentalsystem von Lösungen der homogenen Gleichung. Außerdem gilt

$$\lim_{t\to\infty} \varphi_1(t) = \lim_{t\to\infty} \varphi_2(t) = 0,$$

da $\mu \in \mathbb{R}_+^*$ nach Voraussetzung (vgl. An. 1, §12, Beispiel (12.2)).

II) $\mu^2 > \omega_0^2$, d.h. $\mu > \omega_0$.

Dann sind $\lambda_1, \lambda_2 \in \mathbb{R}$ und es gilt $\lambda_1 \neq \lambda_2$, somit bilden nach An. 2, §13, Satz 1, die Funktionen $\varphi_k : \mathbb{R} \longrightarrow \mathbb{R} \quad (k = 1, 2)$,

$$\varphi_1(t) := e^{\lambda_1 t}, \quad \varphi_2(t) := e^{\lambda_2 t},$$

ein reelles Fundamentalsystem von Lösungen der homogenen Gleichung. Außerdem gilt

$$\lim_{t\to\infty} \varphi_1(t) = \lim_{t\to\infty} \varphi_2(t) = 0,$$

denn da $\mu, \omega_0^2 \in \mathbb{R}_+^*$, kann

$$P(T) = T^2 + 2\mu T + \omega_0^2$$

nur (reelle) negative Nullstellen haben.

III) $\mu^2 < \omega_0^2$, d.h. $\mu < \omega_0$.

Dann sind $\lambda_1, \lambda_2 \in \mathbb{C}$ und es gilt $\lambda_1 \neq \lambda_2$, somit bilden nach An. 2, §13, Satz 1, die Funktionen $\psi_k : \mathbb{R} \longrightarrow \mathbb{C} \quad (k = 1, 2)$,

$$\psi_1(t) := e^{\lambda_1 t}, \quad \psi_2(t) := e^{\lambda_2 t},$$

ein Fundamentalsystem von Lösungen der homogenen Gleichung. Um ein reelles Fundamentalsystem zu erhalten setzen wir

$$\begin{aligned}
\varphi_1(t) &:= \frac{1}{2}(\psi_1(t) + \psi_2(t)) \\
&= e^{-\mu t}\frac{1}{2}\left(e^{\sqrt{\omega_0^2-\mu^2}it} + e^{-\sqrt{\omega_0^2-\mu^2}it}\right) \\
&= e^{-\mu t}\cos\sqrt{\omega_0^2 - \mu^2}t, \\
\varphi_2(t) &:= \frac{1}{2i}(\psi_1(t) - \psi_2(t)) \\
&= e^{-\mu t}\frac{1}{2i}\left(e^{\sqrt{\omega_0^2-\mu^2}it} - e^{-\sqrt{\omega_0^2-\mu^2}it}\right) \\
&= e^{-\mu t}\sin\sqrt{\omega_0^2 - \mu^2}t,
\end{aligned}$$

dann bilden $\varphi_k : \mathbb{R} \longrightarrow \mathbb{R} \quad (k = 1, 2)$ ein reelles Fundamentalsystem von Lösungen der homogenen Gleichung (vgl. An. 2, §13, Beispiel (13.3)). Außerdem gilt

$$\lim_{t\to\infty} \varphi_1(t) = \lim_{t\to\infty} \varphi_2(t) = 0,$$

da die Sinus– und Cosinusfunktion auf $\mathbb{R}$ beschränkt sind und da wegen $\mu \in \mathbb{R}_+^*$

$$\lim_{t\to\infty} e^{-\mu t} = 0.$$

Um eine spezielle Lösung der inhomogenen Gleichung zu bestimmen, benutzen wir An. 2, §13, Satz 3. Da $a\cos\omega t = \mathrm{Re}\left(\mathrm{a}e^{\mathrm{i}\omega t}\right)$, bestimmen wir zunächst eine Lösung $\tau : \mathbb{R} \longrightarrow \mathbb{C}$ von

$$\ddot{x} + 2\mu\dot{x} + \omega_0^2 x = ae^{i\omega t}.$$

Nun ist

$$P(i\omega) = -\omega^2 + 2\mu i\omega + \omega_0^2 = (\omega_0^2 - \omega^2) + 2\mu\omega i \neq 0,$$

und damit

$$\tau(t) = \frac{a}{P(i\omega)}e^{i\omega t} = \frac{a}{(\omega_0^2-\omega^2)+2\mu\omega i}e^{i\omega t} = \frac{a((\omega_0^2-\omega^2)-2\mu\omega i)}{(\omega_0^2-\omega^2)^2+4\mu^2\omega^2}e^{i\omega t}.$$

Und da alle Koeffizienten von $P(D)$ reell sind, gilt

$$\mathrm{Re(P(D)}\tau\mathrm{(t))} = \mathrm{P(D)(Re}\tau\mathrm{(t))},$$

und somit hat die inhomogene Gleichung die spezielle Lösung $\psi : \mathbb{R} \longrightarrow \mathbb{R}$,

$$\begin{aligned}\psi(t) \quad := \quad & \mathrm{Re}\tau(\mathrm{t}) = \frac{\mathrm{a}(\omega_0^2-\omega^2)}{(\omega_0^2-\omega^2)^2+4\mu^2\omega^2}\cos\omega \mathrm{t} \\ & + \frac{2a\mu\omega}{(\omega_0^2-\omega^2)^2+4\mu^2\omega^2}\sin\omega t \\ = \quad & \frac{a\left((\omega_0^2-\omega^2)\cos\omega t+2\mu\omega\sin\omega t\right)}{(\omega_0^2-\omega^2)^2+4\mu^2\omega^2}.\end{aligned}$$

Für das Verhalten von ψ für $t \to \infty$ gilt nun (da $\mu\omega \neq 0$ und die Sinus– und Cosinusfunktion periodisch sind)

$$\lim_{t\to\infty}\psi(t) = \begin{cases} 0, & \text{falls } a = 0, \\ \text{ex. nicht,} & \text{falls } a \neq 0. \end{cases}$$

Die Menge $\mathcal{M}$ aller Lösungen der Differentialgleichung lautet

$$\mathcal{M} = \{\psi + \lambda_1\varphi_1 + \lambda_2\varphi_2 \ : \ \lambda_1, \lambda_2 \in \mathbb{R}\}.$$

Mit den oben berechneten Grenzwerten sieht man sofort, daß für eine beliebige Lösung $\varphi : \mathbb{R} \longrightarrow \mathbb{R}$ der Differentialgleichung gilt

$$\lim_{t\to\infty}\varphi(t) = \begin{cases} 0, & \text{falls } a = 0, \\ \text{ex. nicht,} & \text{falls } a \neq 0. \end{cases}$$

Aufgabe 13 E. Es sei $\varphi : \mathbb{R}_+^* \longrightarrow \mathbb{C}$ Lösung von (1), dann gilt $e^\xi \in \mathbb{R}_+^*$ für alle $\xi \in \mathbb{R}$ und somit

$$\varphi''(e^\xi) + \frac{a}{e^\xi}\varphi'(e^\xi) + \frac{b}{e^{2\xi}}\varphi(e^\xi) = 0.$$

Da

$$
\begin{aligned}
& \psi''(\xi) + (a-1)\psi'(\xi) + b\psi(\xi) \\
= \; & (\varphi(e^\xi))'' + (a-1)(\varphi(e^\xi))' + b\varphi(e^\xi) \\
= \; & (e^\xi \varphi'(e^\xi))' + (a-1)(e^\xi \varphi'(e^\xi)) + b\varphi(e^\xi) \\
= \; & e^{2\xi}\varphi''(e^\xi) + ae^\xi\varphi'(e^\xi) + b\varphi(e^\xi) \\
= \; & e^{2\xi}\left(\varphi''(e^\xi) + \frac{a}{e^\xi}\varphi'(e^\xi) + \frac{b}{e^{2\xi}}\varphi(e^\xi)\right) \\
= \; & 0,
\end{aligned}
$$

ist $\psi : \mathbb{R} \longrightarrow \mathbb{C}$ eine Lösung von (2). Ist umgekehrt $\psi : \mathbb{R} \longrightarrow \mathbb{C}$ eine Lösung von (2), dann gilt für alle $x \in \mathbb{R}_+^*$

$$\psi''(\ln x) + (a-1)\psi'(\ln x) + b\psi(\ln x).$$

Da

$$
\begin{aligned}
& \varphi''(x) + \frac{a}{x}\varphi'(x) + \frac{b}{x^2}\varphi(x) \\
= \; & (\psi(\ln x))'' + \frac{a}{x}(\psi(\ln x))' + \frac{b}{x^2}\psi(\ln x) \\
= \; & \frac{1}{x^2}\psi''(\ln x) - \frac{1}{x^2}\psi'(\ln x) + \frac{a}{x^2}\psi'(\ln x) + \frac{b}{x^2}\psi(\ln x) \\
= \; & \frac{1}{x^2}\left(\psi''(\ln x) + (a-1)\psi'(\ln x) + b\psi(\ln x)\right) \\
= \; & 0,
\end{aligned}
$$

ist $\varphi : \mathbb{R}_+^* \longrightarrow \mathbb{C}$ somit eine Lösung von (1).
Nun zur Bestimmung eines Fundamentalsystems von Lösungen der Differentialgleichung (1). Dazu bestimmen wir erst einmal ein Fundamentalsystem von Lösungen der Differentialgleichung (2). Die Differentialgleichung (2) läßt sich schreiben als $P(D)y = 0$ mit $P(D) = D^2 + (a-1)D + b$. Für die Nullstellen des Polynoms

$$P(T) = T^2 + (a-1)T + b$$

erhält man dann

$$\lambda_1 = \frac{1 - a + \sqrt{(a-1)^2 - 4b}}{2}, \quad \lambda_2 = \frac{1 - a - \sqrt{(a-1)^2 - 4b}}{2}.$$

Nun müssen wir folgende Fallunterscheidung vornehmen:

I) $(a-1)^2 - 4b \neq 0$.

Dann bilden die Funktionen $\varphi_k : \mathbb{R} \longrightarrow \mathbb{C} \quad (k=1,2)$,

$$\varphi_1(x) := e^{\lambda_1 x}, \qquad \varphi_2(x) := e^{\lambda_2 x}$$

nach An. 2, §13, Satz 1, ein Fundamentalsystem von Lösungen der Differentialgleichung (2). Nach dem oben gezeigten wissen wir ferner, daß $\psi_k : \mathbb{R}_+^* \longrightarrow \mathbb{C} \quad (k=1,2)$,

$$\psi_1(x) := e^{\lambda_1 \ln x} = x^{\lambda_1}, \qquad \varphi_2(x) := e^{\lambda_2 \ln x} = x^{\lambda_2}$$

Lösungen der Differentialgleichung (1) sind. Da außerdem für alle $x \in \mathbb{R}_+^*$ gilt

$$\begin{vmatrix} x^{\lambda_1} & x^{\lambda_2} \\ \lambda_1 x^{\lambda_1 - 1} & \lambda_2 x^{\lambda_2 - 1} \end{vmatrix} = (\lambda_2 - \lambda_1) x^{\lambda_1 + \lambda_2 - 1} \neq 0,$$

bildet (ψ_1, ψ_2) ein Fundamentalsystem von Lösungen der Differentialgleichung (1).

II) $(a-1)^2 - 4b = 0$.

Dann gilt $\lambda_1 = \lambda_2 =: \lambda$ und es bilden die Funktionen $\varphi_k : \mathbb{R} \longrightarrow \mathbb{C} \quad (k=1,2)$,

$$\varphi_1(x) := e^{\lambda x}, \qquad \varphi_2(x) := x e^{\lambda x}$$

nach An. 2, §13, Satz 2, ein Fundamentalsystem von Lösungen der Differentialgleichung (2). Nach dem oben gezeigten wissen wir ferner, daß $\psi_k : \mathbb{R}_+^* \longrightarrow \mathbb{C} \quad (k=1,2)$,

$$\psi_1(x) := e^{\lambda \ln x} = x^{\lambda}, \qquad \varphi_2(x) := \ln x e^{\lambda \ln x} = x^{\lambda} \ln x$$

Lösungen der Differentialgleichung (1) sind. Da außerdem für alle $x \in \mathbb{R}_+^*$ gilt

$$\begin{vmatrix} x^{\lambda} & x^{\lambda} \ln x \\ \lambda x^{\lambda - 1} & \lambda x^{\lambda - 1} \ln x + x^{\lambda - 1} \end{vmatrix} = x^{2\lambda - 1} \neq 0,$$

bildet (ψ_1, ψ_2) ein Fundamentalsystem von Lösungen der Differentialgleichung (1).

§14. Systeme von linearen Differentialgleichungen mit konstanten Koeffizienten

Aufgabe 14 A. Da

$$y' = \underbrace{\begin{pmatrix} \lambda & 1 & 0 \\ 0 & \lambda & 1 \\ 0 & 0 & \lambda \end{pmatrix}}_{=:\,A} \cdot y$$

ein Differentialgleichungssystem in Dreiecksgestalt ist (denn A ist eine obere Dreiecksmatrix), läßt sich leicht ein Lösungs–Fundamentalsystem $(\varphi_1, \varphi_2, \varphi_3)$ mit der Anfangsbedingung $\varphi_k(0) = e_k$ bestimmen. Dazu setzen wir

$$\varphi_i = \begin{pmatrix} \varphi_{i1} \\ \varphi_{i2} \\ \varphi_{i3} \end{pmatrix}, \qquad (i = 1, 2, 3),$$

dann muß

$$\begin{pmatrix} \varphi'_{i1} \\ \varphi'_{i2} \\ \varphi'_{i3} \end{pmatrix} = \begin{pmatrix} \lambda & 1 & 0 \\ 0 & \lambda & 1 \\ 0 & 0 & \lambda \end{pmatrix} \cdot \begin{pmatrix} \varphi_{i1} \\ \varphi_{i2} \\ \varphi_{i3} \end{pmatrix} = \begin{pmatrix} \lambda\varphi_{i1} + \varphi_{i2} \\ \lambda\varphi_{i2} + \varphi_{i3} \\ \lambda\varphi_{i3} \end{pmatrix}$$

für $i = 1, 2, 3$ gelten.

(1) Berechnung von $\varphi_1 : \mathbb{R} \longrightarrow \mathbb{C}^3$:
Aus $\varphi'_{13} = \lambda\varphi_{13}$ und der Anfangsbedingung $\varphi_{13}(0) = 0$ folgt unmittelbar $\varphi_{13} = 0$.
Da dann

$$\varphi'_{12} = \lambda\varphi_{12} + \varphi_{13} = \lambda\varphi_{12}$$

und $\varphi_{12}(0) = 0$, erhält man auch $\varphi_{12} = 0$.
Zuletzt ist, da

$$\varphi'_{11} = \lambda\varphi_{11} + \varphi_{12} = \lambda\varphi_{11}$$

und $\varphi_{11}(0) = 1$ erfüllt sein müssen, $\varphi_{11}(x) = e^{\lambda x}$, und damit

$$\varphi_1(x) = \begin{pmatrix} e^{\lambda x} \\ 0 \\ 0 \end{pmatrix}.$$

(2) Berechnung von $\varphi_2 : \mathbb{R} \longrightarrow \mathbb{C}^3$:
Aus $\varphi_{23}' = \lambda\varphi_{23}$ und der Anfangsbedingung $\varphi_{23}(0) = 0$ folgt $\varphi_{23} = 0$, somit

$$\varphi_{22}' = \lambda\varphi_{22} + \varphi_{23} = \lambda\varphi_{22}.$$

Wegen $\varphi_{22}(0) = 1$ erhält man $\varphi_{22} = e^{\lambda x}$.
Daraus folgt

$$\varphi_{21}' = \lambda\varphi_{21} + \varphi_{22} = \lambda\varphi_{21} + e^{\lambda x}.$$

Weiter erhält man aus $\varphi_{21}(0) = 0$, daß $\varphi_{21}(x) = xe^{\lambda x}$ gilt, somit

$$\varphi_2(x) = \begin{pmatrix} xe^{\lambda x} \\ e^{\lambda x} \\ 0 \end{pmatrix}.$$

(3) Berechnung von $\varphi_3 : \mathbb{R} \longrightarrow \mathbb{C}^3$:
Da $\varphi_{33}' = \lambda\varphi_{33}$ und $\varphi_{33}(0) = 1$ muß $\varphi_{33} = e^{\lambda x}$ gelten.
Da dann

$$\varphi_{32}' = \lambda\varphi_{32} + \varphi_{33} = \lambda\varphi_{22} + e^{\lambda x}$$

und $\varphi_{32}(0) = 0$, erhält man $\varphi_{32} = xe^{\lambda x}$.
Schließlich folgt aus

$$\varphi_{31}' = \lambda\varphi_{31} + \varphi_{32} = \lambda\varphi_{31} + xe^{\lambda x}$$

und $\varphi_{31}(0) = 0$, daß $\varphi_{31}(x) = \frac{1}{2}x^2e^{\lambda x}$, und damit

$$\varphi_3(x) = \begin{pmatrix} \frac{1}{2}x^2e^{\lambda x} \\ xe^{\lambda x} \\ e^{\lambda x} \end{pmatrix}.$$

Aufgabe 14 B. Um ein Lösungs–Fundamentalsystem von

$$y' = \underbrace{\begin{pmatrix} 1 & 1 & 1 \\ 1 & 1 & 1 \\ 1 & 1 & 1 \end{pmatrix}}_{=:\,A} \cdot y$$

zu bestimmen, benutzen wir An. 2, Hilfssatz S.153f, denn da A symmetrisch ist, ist A diagonalisierbar. Wie man leicht mit Mitteln der linearen Algebra errechnet (vgl. z.B. [5], Beispiel 5.3.5), gilt

$$\underbrace{\begin{pmatrix} 0 & 0 & 0 \\ 0 & 0 & 0 \\ 0 & 0 & 3 \end{pmatrix}}_{=:B} = \underbrace{\begin{pmatrix} -1 & 1 & 0 \\ -1 & 0 & 1 \\ 1 & 1 & 1 \end{pmatrix}}_{=S^{-1}} A \underbrace{\begin{pmatrix} -\frac{1}{3} & -\frac{1}{3} & \frac{1}{3} \\ \frac{2}{3} & -\frac{1}{3} & \frac{1}{3} \\ -\frac{1}{3} & \frac{2}{3} & \frac{1}{3} \end{pmatrix}}_{=:S},$$

somit bestimmen wir zunächst die Lösungen der Differentialgleichung

$$z' = B \cdot z = \begin{pmatrix} 0 & 0 & 0 \\ 0 & 0 & 0 \\ 0 & 0 & 3 \end{pmatrix} z.$$

Trivialerweise sind

$$\psi_1(x) = \begin{pmatrix} 0 \\ 0 \\ e^{3x} \end{pmatrix}, \qquad \psi_2(x) = \begin{pmatrix} 1 \\ 0 \\ e^{3x} \end{pmatrix}, \qquad \psi_3(x) = \begin{pmatrix} 0 \\ 1 \\ e^{3x} \end{pmatrix}$$

Lösungen von $z' = B \cdot z$ und somit

$$\varphi_1(x) = S \cdot \psi_1(x) = \begin{pmatrix} \frac{e^{3x}}{3} \\ \frac{e^{3x}}{3} \\ \frac{e^{3x}}{3} \end{pmatrix}, \quad \varphi_2(x) = S \cdot \psi_2(x) = \begin{pmatrix} \frac{e^{3x}-1}{3} \\ \frac{e^{3x}+2}{3} \\ \frac{e^{3x}-1}{3} \end{pmatrix},$$

$$\varphi_3(x) = S \cdot \psi_3(x) = \begin{pmatrix} \frac{e^{3x}-1}{3} \\ \frac{e^{3x}-1}{3} \\ \frac{e^{3x}+2}{3} \end{pmatrix}$$

Lösungen von $y' = A \cdot y$. Nun bilden $(\varphi_1, \varphi_2, \varphi_3)$ auch ein Fundamentalsystem zu $y' = A \cdot y$, denn

$$\begin{vmatrix} \frac{e^{3x}}{3} & \frac{e^{3x}-1}{3} & \frac{e^{3x}-1}{3} \\ \frac{e^{3x}}{3} & \frac{e^{3x}+2}{3} & \frac{e^{3x}-1}{3} \\ \frac{e^{3x}}{3} & \frac{e^{3x}-1}{3} & \frac{e^{3x}+2}{3} \end{vmatrix} = \frac{e^{3x}}{3} \neq 0.$$

Aufgabe 14 C. Da

$$\mathrm{grad}\,\mathrm{U}(\mathrm{x}_1, \mathrm{x}_2) = (5\mathrm{x}_1 + 2\mathrm{x}_2, 2\mathrm{x}_1 + 8\mathrm{x}_2)$$

gilt

$$\mathrm{grad}\,\mathrm{U}(\mathrm{x}_1, \mathrm{x}_2) = \underbrace{\begin{pmatrix} 5 & 2 \\ 2 & 8 \end{pmatrix}}_{=:\,\mathrm{A}} \begin{pmatrix} \mathrm{x}_1 \\ \mathrm{x}_2 \end{pmatrix}.$$

Also läßt sich die Differentialgleichung folgendermaßen schreiben

$$\frac{d^2x}{dt^2} = -Ax.$$

Außerdem ist A eine symmetrische Matrix und damit diagonalisierbar, genauer errechnet man

$$\underbrace{\begin{pmatrix} -2 & 1 \\ \frac{1}{2} & 1 \end{pmatrix}}_{=\,S^{-1}} A \underbrace{\begin{pmatrix} -\frac{2}{5} & \frac{2}{5} \\ \frac{1}{5} & \frac{4}{5} \end{pmatrix}}_{=:\,S} = \underbrace{\begin{pmatrix} 4 & 0 \\ 0 & 9 \end{pmatrix}}_{=:\,B}.$$

Mit der Koordinaten–Transformation $y = S^{-1}x$ geht die Differentialgleichung über in

$$\frac{d^2y}{dt^2} = -By,$$

oder anders geschrieben

$$\ddot{y}_1 = -4y_1, \qquad \ddot{y}_2 = -9y_2.$$

Damit lautet die allgemeine Lösung für $\ddot{y} = -By$ (vgl. An. 2, §14, Beispiel (14.1))

$$y(x) = \begin{pmatrix} \alpha_1 \cos 2t + \beta_1 \sin 2t \\ \alpha_2 \cos 3t + \beta_2 \sin 3t \end{pmatrix},$$

wobei $\alpha_1, \alpha_2, \beta_1, \beta_2 \in \mathbb{R}$ beliebige Konstanten sind. Für die allgemeine Lösung der Differentialgleichung

$$\frac{d^2x}{dt^2} = -\text{grad U(x)}$$

gilt dann

$$\begin{aligned}
x(t) &= S \cdot y(x) \\
&= \begin{pmatrix} -\frac{2}{5} & \frac{2}{5} \\ \frac{1}{5} & \frac{4}{5} \end{pmatrix} \cdot \begin{pmatrix} \alpha_1 \cos 2t + \beta_1 \sin 2t \\ \alpha_2 \cos 3t + \beta_2 \sin 3t \end{pmatrix} \\
&= \begin{pmatrix} \frac{2}{5}(\alpha_2 \cos 3t + \beta_2 \sin 3t - \alpha_1 \cos 2t - \beta_1 \sin 2t) \\ \frac{1}{5}(\alpha_1 \cos 2t + \beta_1 \sin 2t + 4\alpha_2 \cos 3t + 4\beta_2 \sin 3t) \end{pmatrix} \\
&= \frac{1}{5}\left[\alpha_1 \begin{pmatrix} -2\cos 2t \\ \cos 2t \end{pmatrix} + \beta_1 \begin{pmatrix} -2\sin 2t \\ \sin 2t \end{pmatrix} \right. \\
&\qquad \left. + \alpha_2 \begin{pmatrix} 2\cos 3t \\ 4\cos 3t \end{pmatrix} + \beta_2 \begin{pmatrix} 2\sin 3t \\ 4\sin 3t \end{pmatrix}\right],
\end{aligned}$$

wobei $\alpha_1, \alpha_2, \beta_1, \beta_2 \in \mathbb{R}$ beliebige Konstanten sind.

Aufgabe 14 D. Zunächst bestimmen wir ein Fundamentalsystem der homogenen Gleichung

$$y' = \underbrace{\begin{pmatrix} 1 & 2 \\ 3 & 6 \end{pmatrix}}_{=: A} y.$$

Da

$$\begin{vmatrix} 1-t & 2 \\ 3 & 6-t \end{vmatrix} = t^2 - 7t = t(t-7)$$

hat A die Eigenwerte $\lambda_1 = 0$ und $\lambda_2 = 7$. Ohne Mühe bestimmt man einen Eigenvektor $a \in \mathbb{R}^2$ zu λ_1 und einen Eigenvektor $b \in \mathbb{R}^2$ zu λ_2:

$$a = \begin{pmatrix} -2 \\ 1 \end{pmatrix}, \qquad b = \begin{pmatrix} 1 \\ 3 \end{pmatrix}.$$

Nach An. 2, §14, Corollar zu Satz 1, können wir nun sofort ein Lösungs–Fundamentalsystem (φ_1, φ_2) für die homogene Gleichung angeben:

$$\begin{cases} \varphi_1 : \mathbb{R} \longrightarrow \mathbb{R}^2, \\ \varphi_1(x) = \begin{pmatrix} -2 \\ 1 \end{pmatrix} \cdot e^{0x} = \begin{pmatrix} -2 \\ 1 \end{pmatrix}, \end{cases} \qquad \begin{cases} \varphi_2 : \mathbb{R} \longrightarrow \mathbb{R}^2, \\ \varphi_2(x) = \begin{pmatrix} 1 \\ 3 \end{pmatrix} \cdot e^{7x} = \begin{pmatrix} e^{7x} \\ 3e^{7x} \end{pmatrix}. \end{cases}$$

Mittels An. 2, §12, Satz 4, läßt sich eine spezielle Lösung der inhomogenen Gleichung bestimmen. Mit den dortigen Bezeichnungen erhalten wir

$$\begin{aligned} \Phi(t)^{-1} &= \begin{pmatrix} -2 & e^{7t} \\ 1 & 3e^{7t} \end{pmatrix}^{-1} = \frac{1}{\det \Phi} \begin{pmatrix} 3e^{7t} & -e^{7t} \\ -1 & -2 \end{pmatrix} \\ &= \begin{pmatrix} -\frac{3}{7} & \frac{1}{7} \\ \frac{1}{7}e^{-7t} & \frac{2}{7}e^{-7t} \end{pmatrix}, \end{aligned}$$

und somit

$$\begin{aligned} u(x) &= \int_0^x \begin{pmatrix} -\frac{3}{7} & \frac{1}{7} \\ \frac{1}{7}e^{-7t} & \frac{2}{7}e^{-7t} \end{pmatrix} \cdot \begin{pmatrix} t \\ \sin t \end{pmatrix} dt \\ &= \int_0^x \begin{pmatrix} -\frac{3}{7}t + \frac{1}{7}\sin t \\ \frac{1}{7}te^{-7t} + \frac{2}{7}e^{-7t}\sin t \end{pmatrix} dt. \end{aligned}$$

Unter Benutzung der partiellen Integration erhält man weiter

$$\begin{aligned} \int \underbrace{t}_{=f} \cdot \underbrace{e^{-7t}}_{=g'} dt &= -\frac{1}{7}te^{-7t} + \frac{1}{7}\int e^{-7t}\,dt \\ &= -\frac{1}{7}te^{-7t} - \frac{1}{49}e^{-7t} = -\frac{7t+1}{49}e^{-7t} \end{aligned}$$

und

$$\begin{aligned} \int \underbrace{e^{-7t}}_{=f} \cdot \underbrace{\sin t}_{=g'} dt &= -e^{-7t}\cos t - 7\int \underbrace{e^{-7t}}_{=f} \cdot \underbrace{\cos t}_{=g'} dt \\ &= -e^{-7t}\cos t - 7\left(e^{-7t}\sin t + 7\int e^{-7t}\sin t\,dt\right) \\ &= -e^{-7t}\cos t - 7e^{-7t}\sin t - 49\int e^{-7t}\sin t\,dt. \end{aligned}$$

Daher ist

$$\int e^{-7t}\sin t\,dt = \frac{1}{50}\left(-e^{-7t}\cos t - 7e^{-7t}\sin t\right).$$

Also

$$\begin{aligned} u(x) &= \left[\begin{pmatrix} -\frac{3}{14}t^2 - \frac{1}{7}\cos t \\ -\frac{7t+1}{343}e^{-7t} - \frac{1}{175}(e^{-7t}\cos t + 7e^{-7t}\sin t) \end{pmatrix}\right]_0^x \\ &= \begin{pmatrix} -\frac{3}{14}x^2 - \frac{1}{7}\cos x + \frac{1}{7} \\ \frac{-175x - 25 - 49\cos x - 343\sin x}{8575}e^{-7x} + \frac{74}{8575} \end{pmatrix}, \end{aligned}$$

und damit ist eine Lösung $\varphi : \mathbb{R} \longrightarrow \mathbb{R}^2$ der inhomogenen Differentialgleichung gegeben durch

$$\begin{aligned} \varphi(x) &= \Phi(x)u(x) \\ &= \begin{pmatrix} -2 & e^{7t} \\ 1 & 3e^{7t} \end{pmatrix} \cdot u(x) \\ &= \begin{pmatrix} \frac{3}{7}x^2 - \frac{1}{49}x - \frac{99}{343} + \frac{7}{25}\cos x - \frac{1}{25}\sin x + \frac{74}{8575}e^{7x} \\ -\frac{3}{14}x^2 - \frac{3}{49}x + \frac{46}{343} - \frac{4}{25}\cos x - \frac{3}{25}\sin x + \frac{222}{8575}e^{7x} \end{pmatrix}. \end{aligned}$$

Da $\varphi(0) = 0$, wie man durch Nachrechnen bestätigt, ist φ die gesuchte Lösung.

Aufgabe 14 E. Zunächst beweisen wir:
Ist $A = (a_{ij}) \in M(n \times n, \mathbb{R})$ schiefsymmetrisch, so gilt

$$\|\varphi(x)\| = \text{const.}$$

für jede Lösung $\varphi : \mathbb{R} \longrightarrow \mathbb{R}^n$ der Differentialgleichung

$$\varphi' = A\varphi.$$

Sei $\varphi = (\varphi_1, \ldots, \varphi_n) : \mathbb{R} \longrightarrow \mathbb{R}^n$ eine Lösung von

$$\varphi' = A\varphi.$$

Da A schiefsymmetrisch ist, gilt

$$\begin{cases} a_{ij} = -a_{ji} & \text{für alle } i, j \in \{1, \dots, n\} \text{ mit } i \neq j, \\ a_{ii} = 0 & \text{für alle } i \in \{1, \dots, n\}. \end{cases}$$

Um $\|\varphi(x)\| = \text{const.}$ zu beweisen, brauchen wir nur

$$\frac{\partial}{\partial x}(\|\varphi(x)\|^2) = \frac{\partial}{\partial x}\left(\sum_{i=1}^{n} \varphi_i(x)^2\right) = 0$$

für alle $x \in \mathbb{R}$ zu bestätigen. Es gilt

$$\begin{aligned} &\frac{\partial}{\partial x}\left(\sum_{i=1}^{n} \varphi_i(x)^2\right) \\ = \;& \sum_{i=1}^{n} 2\varphi_i(x)\varphi_i'(x) \\ = \;& \sum_{i=1}^{n} 2\varphi_i(x) \sum_{j=1}^{n} a_{ij}\varphi_j(x) \\ = \;& \sum_{\substack{i,j\in\{1,\dots,n\},\\ i<j}} 2a_{ij}\varphi_i(x)\varphi_j(x) + \sum_{\substack{i,j\in\{1,\dots,n\},\\ i>j}} 2\underbrace{a_{ij}}_{=-a_{ji}}\varphi_i(x)\varphi_j(x) \\ & + \sum_{i=1}^{n} 2\underbrace{a_{ii}}_{=0}\varphi_i(x)^2 \\ = \;& \sum_{\substack{i,j\in\{1,\dots,n\},\\ i<j}} 2a_{ij}\varphi_i(x)\varphi_j(x) + \sum_{\substack{i,j\in\{1,\dots,n\},\\ i<j}} (-2)a_{ij}\varphi_i(x)\varphi_j(x) \\ = \;& 0. \end{aligned}$$

Nun zum Beweis der Umkehrung, d.h. für jede Lösung $\varphi : \mathbb{R} \longrightarrow \mathbb{R}^n$ der Differentialgleichung

$$\varphi' = A\varphi.$$

gelte

$$\|\varphi(x)\| = \text{const.},$$

dann haben wir zu zeigen, daß A schiefsymmetrisch ist.
Zunächst einmal läßt sich A zerlegen in

$$A = A_1 + A_2,$$

wobei $A_1 \in M(n \times n, \mathbb{R})$ eine symmetrische und $A_2 \in M(n \times n, \mathbb{R})$ eine schiefsymmetrische Matrix ist (setze $A_1 := \frac{1}{2}(A + A^\top)$, $A_2 := \frac{1}{2}(A - A^\top)$, wobei $A^\top$ die zu A transponierte Matrix bezeichne). Aus der linearen Algebra wissen wir, daß sich jede reelle symmetrische Matrix mittels einer orthogonalen Matrix auf Diagonalgestalt transformieren läßt (vgl. z.B. [5], Korollar 6.5.6), daher gibt es eine orthogonale Matrix $S \in M(n \times n, \mathbb{R})$, so daß $S^{-1}A_1S$ eine (reelle) Diagonalmatrix ist. Aus der obigen Zerlegung folgt

$$S^{-1}AS = S^{-1}A_1S + S^{-1}A_2S.$$

Die Matrix $C := (c_{ij}) := S^{-1}A_2S$ ist schiefsymmetrisch, da $S^{-1} = S^\top$ (denn S ist orthogonal) und A_2 schiefsymmetrisch ist. Die Matrix $D := S^{-1}A_1S$ ist eine reelle Diagonalmatrix und im folgenden bezeichnen wir die Diagonalelemente von D mit λ_i, also

$$D = \begin{pmatrix} \lambda_1 & & 0 \\ & \ddots & \\ 0 & & \lambda_n \end{pmatrix}.$$

Ferner setzen wir noch $B := (b_{ij}) := S^{-1}AS$, dann folgt

$$B = D + C.$$

Nun gilt auch

$$\|\varphi(x)\| = \text{const.}$$

für jede Lösung $\varphi : \mathbb{R} \longrightarrow \mathbb{R}^n$ von

$$y' = By,$$

denn

$$\|\varphi(x)\| = \left\|S^{-1}S\varphi(x)\right\| = \|S\varphi(x)\| = \text{const.},$$

da mit S auch S^{-1} eine orthogonale Matrix ist, und

$$\|S\varphi(x)\| = \text{const.}$$

nach Voraussetzung gilt, da nach An. 2, §14, Hilfssatz S. 153f, die Funktion $S\varphi(x)$ eine Lösung von

$$y' = Ay$$

ist. Es sei nun $\varphi = (\varphi_1, \ldots, \varphi_n) : \mathbb{R} \longrightarrow \mathbb{R}^n$ eine Lösung von

$$\varphi' = B\varphi,$$

dann folgt

$$\begin{aligned}
&\frac{\partial}{\partial x}(\|\varphi(x)\|^2) = 0\\
\Longrightarrow\quad &\sum_{i=1}^{n} 2\varphi_i(x)\varphi_i'(x) = 0\\
\Longrightarrow\quad &\sum_{i=1}^{n}\sum_{j=1}^{n} 2b_{ij}\varphi_i(x)\varphi_j(x) = 0\\
\Longrightarrow\quad &\underbrace{\sum_{\substack{i,j\in\{1,\ldots,n\}\\ i<j}} 2\underbrace{b_{ij}}_{=c_{ij}}\varphi_i(x)\varphi_j(x) + \sum_{\substack{i,j\in\{1,\ldots,n\}\\ i>j}} 2\underbrace{b_{ij}}_{=-c_{ji}}\varphi_i(x)\varphi_j(x)}_{=0}\\
&+\sum_{i=1}^{n} 2\underbrace{b_{ii}}_{=\lambda_i}\varphi_i(x)^2 = 0\\
\Longrightarrow\quad &\sum_{i=1}^{n}\lambda_i\varphi_i(x)^2 = 0 \qquad\qquad (*)
\end{aligned}$$

für alle $x \in \mathbb{R}$.
Zwischenbehauptung: $\lambda_1 = \ldots = \lambda_n = 0$.
Beweis: Sei $l \in \{1, \ldots, n\}$ beliebig und

$$\varphi^{(1)} := \begin{pmatrix} \varphi_1^{(1)} \\ \vdots \\ \varphi_n^{(1)} \end{pmatrix}, \ldots, \varphi^{(n)} := \begin{pmatrix} \varphi_1^{(n)} \\ \vdots \\ \varphi_n^{(n)} \end{pmatrix},$$

ein Fundamentalsystem von Lösungen der Differentialgleichung

$$y' = By.$$

Dann sind $\varphi^{(1)}(0), \ldots, \varphi^{(n)}(0)$ linear unabhängige Vektoren des $\mathbb{R}^n$. Daher gibt es reelle Zahlen $\mu_1, \ldots, \mu_n \in \mathbb{R}$ mit

$$\sum_{i=1}^{n} \mu_i\varphi^{(i)}(0) = \begin{pmatrix} \delta_{l1} \\ \vdots \\ \delta_{ln} \end{pmatrix},$$

wobei δ_{ij} das Kronecker–Symbol bezeichne. Nun gilt nach $(*)$, und da

$$\sum_{j=1}^{n} \mu_j \varphi^{(j)}$$

eine Lösung von

$$y' = By$$

ist,

$$\begin{aligned} & \sum_{i=1}^{n} \lambda_i \left(\sum_{j=1}^{n} \mu_j \varphi_i^{(j)}(0) \right)^2 = 0 \\ \Longrightarrow \quad & \sum_{i=1}^{n} \lambda_i \delta_{li} = 0 \\ \Longrightarrow \quad & \lambda_l = 0, \end{aligned}$$

somit ist die Zwischenbehauptung bewiesen. Es ist also $D = 0$, woraus

$$B = C \Longrightarrow A_1 = 0$$

und daher

$$A = A_2$$

folgt. Da A_2 schiefsymmetrisch ist, haben wir die Behauptung vollständig bewiesen.

Aufgabe 14 F. Setze

$$A := \begin{pmatrix} 0 & -3 & 2 \\ 3 & 0 & -1 \\ -2 & 1 & 0 \end{pmatrix},$$

dann lautet das charakteristische Polynom $P(T)$ von A

$$\begin{aligned} P(T) &= \begin{vmatrix} -T & -3 & 2 \\ 3 & -T & -1 \\ -2 & 1 & -T \end{vmatrix} = -T^3 - 14T = -T(T^2 + 14) \\ &= -T(T + \sqrt{14}i)(T - \sqrt{14}i), \end{aligned}$$

und damit lauten die Eigenwerte von A

$$\lambda_1 = 0, \quad \lambda_2 = \sqrt{14}i, \quad \lambda_2 = -\sqrt{14}i.$$

Mit Hilfe von Methoden aus der linearen Algebra bestimmt man für $i = 1, 2, 3$ zu jedem Eigenwert λ_i einen zugehörigen Eigenvektor x_i (vgl. etwa [5], Bemerkung 5.2.6). Man erhält z.B.:

$$x_1 = \begin{pmatrix} 1 \\ 2 \\ 3 \end{pmatrix}, \quad x_2 = \begin{pmatrix} -3-2\sqrt{14}i \\ -6+\sqrt{14}i \\ 5 \end{pmatrix}, \quad x_3 = \begin{pmatrix} -3+2\sqrt{14}i \\ -6-\sqrt{14}i \\ 5 \end{pmatrix}.$$

Damit bilden $\psi_k : \mathbb{R} \longrightarrow \mathbb{C}^3, (k = 1, 2, 3)$,

$$\begin{aligned}
\psi_1(x) &:= \begin{pmatrix} 1 \\ 2 \\ 3 \end{pmatrix} e^{0x} = \begin{pmatrix} 1 \\ 2 \\ 3 \end{pmatrix}, \\
\psi_2(x) &:= \begin{pmatrix} -3-2\sqrt{14}i \\ -6+\sqrt{14}i \\ 5 \end{pmatrix} e^{\sqrt{14}ix}, \\
\psi_3(x) &:= \begin{pmatrix} -3+2\sqrt{14}i \\ -6-\sqrt{14}i \\ 5 \end{pmatrix} e^{-\sqrt{14}ix},
\end{aligned}$$

nach An. 2, §14, Corollar zu Satz 1, ein Fundamentalsystem der Differentialgleichung. Um ein reelles Fundamentalsystem $\varphi_k : \mathbb{R} \longrightarrow \mathbb{R}^3, (k = 1, 2, 3)$ zu erhalten, setzen wir analog wie in An. 2, §14, Beispiel (14.2) ii),

$$\begin{aligned}
\varphi_1(x) &:= \psi_1(x) = \begin{pmatrix} 1 \\ 2 \\ 3 \end{pmatrix}, \\
\varphi_2(x) &:= \frac{1}{2}(\psi_2(x) + \psi_3(x)) \\
&= \begin{pmatrix} -3 \\ -6 \\ 5 \end{pmatrix} \cos\sqrt{14}x - \begin{pmatrix} -2\sqrt{14} \\ \sqrt{14} \\ 0 \end{pmatrix} \sin\sqrt{14}x, \\
\varphi_3(x) &:= \frac{1}{2i}(\psi_2(x) - \psi_3(x)) \\
&= \begin{pmatrix} -3 \\ -6 \\ 5 \end{pmatrix} \sin\sqrt{14}x + \begin{pmatrix} -2\sqrt{14} \\ \sqrt{14} \\ 0 \end{pmatrix} \cos\sqrt{14}x.
\end{aligned}$$

Literaturverzeichnis

[1] *Otto Forster,* Analysis 1, Vieweg Verlag, 6. Auflage 2001.

[2] *Otto Forster,* Analysis 2, Vieweg Verlag, 5. Auflage 1984.

[3] *Harro Heuser,* Lehrbuch der Analysis Teil 1, Teubner Verlag, 15. Auflage 2003.

[4] *Harro Heuser,* Lehrbuch der Analysis Teil 2, Teubner Verlag, 12. Auflage 2002.

[5] *Gerd Fischer,* Lineare Algebra, Vieweg Verlag, 13. Auflage 2002.

[6] *Hans–Joachim Kowalsky und Gerhard O. Michler,* Lineare Algebra, Walter de Gruyter, 11. Auflage 1998.

[7] Teubner Taschenbuch der Mathematik, Teubner, 1. Auflage 1996

[8] *Albrecht Beutelspacher,* Das ist o.B.d.A. trivial! Vieweg Verlag, 6. Auflage 2002.